Die

Hauptmethoden

zur

Waldertrags-Regelung

grundsätzlich geprüft und verglichen

durch

Dr. Carl Heyer,

ordentl. Professor der Philosophie u. der Forstwissenschaft insbesondere an der Ludwigs-Universität zu Giesen 2c.

Giesen,

J. Ricker'sche Buchhandlung.

1848.

Seiner Exzellenz

Herrn Freiherrn

Carl von Gall,

Großherzogl. Hessischem wirklichen Geheimenrathe, Landjägermeister, Oberforstbehörde und Kammerherrn, Commandeur des Ludewigsordens I. Classe 2c

seinem früheren Amtsvorgesetzten, seinem väterlichen Gönner und Freunde

verehrungvoll gewidmet

vom Verfasser.

Vorwort.

Vorliegende Schrift werden nur Diejenigen mit Nutzen lesen, welche schon die dazu nöthigen Vorkenntnisse aus dem Gebiete der W. E. Regelung besitzen. Der Verf. möchte sie vorzüglich der geneigten Durchsicht und Prüfung derjenigen Behörden empfehlen, welche mit der oberen Leitung der Administration der zum strengsten Nachhaltbetriebe bestimmten Wälder beauftragt sind.

Zugleich glaubt er nochmal gegen zwei sehr schädliche und weit verbreitete Vorurtheile ankämpfen zu müssen — einmal dagegen: daß eine spezielle W. E. Regelung weniger eine nothwendige Wirthschaftmaasregel, als vielmehr eine Art wissenschaftlichen Luxusartikels seie, indem man die Bestimmung des Nachhaltetats einer Waldung, ohne deren vorgängige besondere Regelung, dem Gutdünken der Lokalforstbeamten füglich überlassen könne; oder daß doch die Hauptrücksicht bei einer vorzunehmenden Regelung auf die Herstellung eines fehlenden W. Normalzustands für den strengsten Nachhaltbetrieb gehe, die Ordnung und Bemessung des Etats während der Uebergangszeit aber ein mehr untergeordneter Gegenstand seie; — zum andern dagegen: daß es keine generellen Grundlagen für die W. E. Regelung gäbe, solche vielmehr nach Verschiedenheit der Lage, Umgebung, Bestockungverhältnisse rc der Wälder sehr variiren könnten und müßten.

Wir irren wohl nicht, wenn wir die nähere Veranlassung dieser Mißverständnisse einem Manne beimessen, welcher sich um die weitere Ausbildung unseres Fachs bleibende Verdienste erworben hat — nämlich Cotta und seinen allgemein bekannten 7 Kardinalsätzen oder Thesen, welche er im „Vorwort" zu seiner „Anweisung zur Forst-Einrichtung und Schätzung, Dresden, 1820" angeschlagen hat — wiewohl eigentlich der grösere Theil der Schuld nicht ihm, sondern seinen Auslegern, zur Last fällt. Allerdings stehen 6 von diesen 7 Thesen, wenn man sich allein und strenge an den Wortlaut ihrer Fassung hält und die weiteren Erläuterungen Cotta's unbeachtet läßt, auf sehr schwachen Füsen und lassen leicht Mißdeutungen zu; nur etwa die 5te ist haltbar, gehört jedoch nicht sowohl in ein Lehrbuch über W. E. Regelung, als vielmehr in ein solches über Staatsforst-Wirthschaft oder über Forstpolizei. — Von jenen 7 Sätzen interessiren uns hier nur 2 näher — der erste und vierte.

In seiner 4ten Thesis behauptet nun Cotta:

„Die gute Einrichtung eines Walds ist gewöhnlich viel „wichtiger, als dessen Ertragsbestimmung".

Unter „Waldeinrichtung" begreift er ausdrücklich den „Bewirthschaftungplan". Da in diesem nun Cotta (m. sh. die I Abtheil. s. Schrift) vorzüglich zur Bestimmung der norm. Umtriebszeiten und der Schlagordnung anleitet, mithin Materien abhandelt, welche — wenigstens in dem gegebenen Umfange — richtiger in der Waldbaulehre ihre Stelle finden und von Cotta elbst im 1sten und 2ten Kapitel seines „Waldbaues" fast wörtlich wiederholt wurden — so lies man sich zu der Annahme verleiten, Cotta habe behaupten wollen: der Waldbau seie viel wichtiger als die W. E. Regelung, ja letzte in der Regel ganz entbehrlich. Sprach sich doch erst jüngst noch ein renommirter

Forstmann und Schriftsteller in gleichem Sinne aus mit den Worten: „auch ohne alle W. E. Regelung liese sich durch fleisigen Holz-An- und Nachbau und sonstige gute Bewirthschaftung ein Wald zu hohem Ertrage bringen". — Wer wollte das verabreden? Ist nun aber damit die Entbehrlichkeit einer W. E. Regelung erwiesen? — So lange kein Zweifel darüber obwaltet und obwalten kann, daß man das Holz in der Regel (mit Ausnahme einiger Schutzwälder) zunächst nur um seiner Benutzung willen kultivirt, daß aber erst durch eine zweckmäsige Ordnung und Bemessung der Nachhaltnutzung der Wälder deren höchst wichtige Bestimmung theils für die Waldbesitzer, theils für die Holzkonsumenten erfüllt und gesichert werden kann, daß jedoch die Begründung einer solchen Etats-Ordnung und Bemessung ohne die Hilfmittel, welche die W. E. Reg. Lehre an Handen gibt, gar nicht denkbar ist — ebenso lange wird und kann auch der Waldbau keinen Ersatz für die W. E. Regelung bieten; und selbst ein Streit darüber, ob dieser oder jener Fachzweig nur grösere Wichtigkeit für die Waldwirthschaft mit strengstem Nachhaltbetriebe überhaupt besäse, wäre ein nicht minder unnützer, als etwa der: ob zur Fristung des menschlichen Lebens Speise oder Trank unentbehrlicher seie? Weis doch ein Jeder, daß er keins von beiden zu missen vermag! — Wer würde einen Landwirth oder anderen Gewerbsmann, welcher, wenn auch noch so gründlich, blos das Produziren verstünde, dagegen die vortheilhafte Benutzung und Verwendung seiner Erzeugnisse nicht kennte oder doch absichtlich versäumte, für einen vollkommenen Wirthschafter ausgeben wollen? —

Man scheint jedoch ganz übersehen zu haben, daß jener Streit von Cotta selbst schon theilweise geschlichtet worden ist, dadurch, daß dieser (I Abth. 3. Kapit. a. a. O.) als einen wesenlichen Bestandtheil seinem Wirthschaftsplane eine E. Regelung nach einem Flächen- und Massen-Fachwerke — wiewohl nicht mit streng wissenschaftlicher Konsequenz — anfügte; und unter

„Ertragsbestimmung" nur eine **genauere** Ordnung und **schärfere** Bemessung der Periodenerträge durch einen ersten Umtrieb verstand, obschon sicher beides — Etats=Ordnung und Bemessung — gerade den wesenlichsten Theil der W. E. Regelung ausmacht.—

In seiner **ersten** Thesis besagt Cotta weiter:

„Es gibt keine allgemein anwendbare Waldabschätzungs-„lehre, sondern das Verfahren muß durch die Verschieden-„artigkeit der Zwecke und der Ortsverhältnisse bestimmt „werden".

Unter „Waldabschätzung" verstand er aber keineswegs die W. E. **Regelung allein**, sondern benannte ausdrücklich als weitere Zwecke jener: „die Erforschung des Holzvorraths, die Waldwerthrechnung, die Begründung von Devastationsklagen und die Ablösung von Waldservituten" — und faßte demnach die „W. Abschätzung" im **weiteren** Sinne auf. Dabei beschränkte er (II Abth. a. a. O.) für den besonderen Zweck der W. E. **Regelung** die zulässigen Abweichungen im „Verfahren" lediglich auf die **praktische Behandlung mancher Vorarbeiten**, auf die mehr oder minder spezielle Aufnahme einiger Thatbestände, namentlich des **wirklichen Materialvorraths** und **Zuwachses**, indem er dabei eine mehr summarische Okularschätzung einer schärferen Aufnahme durch stammweise Auszählung und Messung oder durch Probeflächen gegenüber stellte — und gewiß mit Recht. Wer sähe nicht ein, daß die genauere, aber auch mühsamere und kostspieligere, Erhebung der Vorräthe, welche sich wohl für solche Wälder, wo günstige Holzpreisstände den vortheilhaften Absatz aller Sortimente sichern, empfiehlt, für solche Wälder aber, worin ein groser Theil des Holzertrags wegen Mangels an Absatz entweder ganz ungenutzt bleiben oder zu niederen Preisen verschleudert werden muß, nicht empfehlenswerth sein könne und hier einem einfacheren, wenn auch etwas minder genauen, Verfahren weichen dürfe?

Diese von Cotta ertheilten Erörterungen blieben jedoch unbeachtet. Indem man sich strenge an den Wortlaut seines oben allegirten Ausspruchs hielt, dabei die verschiedenen „Zwecke der W. Abschätzung" lediglich auf den der „W. E. Regelung" reduzirte und „das Verfahren" nicht blos auf die praktische Aufnahme des Vorraths und Zuwachses beschränkte, sondern auf die Auswahl und Benutzung derjenigen Materien, welche die Hauptgrundlagen der W. E. Regelung abgeben, ausdehnte — gelangte man zu der irrigen Schlusfolgerung, Cotta habe behaupten wollen: für die W. E. Regelung bestünden keine allgemein giltigen Grundlagen und Grundsätze, sondern diese würden durch „Ortsverhältnisse", d. h. durch Lage, Umgebung und innere Zustände der Wälder, bedingt und mannigfach modifizirt. Daher die sonst nicht wohl begreifliche Gleichgiltigkeit für die R. Prinzipien; daher die ängstlichen Vorschriften für die Behandlung der Vorarbeiten neben ungemessener Lizenz für die Auswahl und Benutzung der Materialien zur Ordnung und Bemessung des Nachhaltetats; daher die stereotyp gewordene Behauptung eines namhaften Schriftstellers, wonach diese oder jene R. Methode zwar für alle süd- und mitteldeutschen Wälder recht vorzüglich sein könne, für die norddeutschen Wälder aber ganz und gar nichts tauge u. dgl. m. — Sonderbare Ansichten! — Die Faktoren des W. Nachhaltetats, so wie die des W. Normalzustands, sind unter allen Breite- und Längegraden, in allen Meereshöhen und Expositionen, auf allen Standortsgüten, nach Art und Zahl ganz dieselben; und wenn auch die Art ihrer gegenseitigen Verknüpfung zur Ordnung des Nachhaltetats von manchen zufälligen und wandelbaren Einflüssen, wie den zeitlichen Nutzungansprüchen der W. Besitzer und Konsumenten, den Bestockungverhältnissen, der Holz-Absatzgelegenheit abhängig bleibt, so ist dadurch die Unmöglichkeit oder Unräthlichkeit, die Behandlung dieser Fälle allgemeinen Regeln unterzuordnen, keineswegs nachgewiesen, vielmehr gerade das Bedürfnis hierzu indizirt.

Unterliegt es nun keinem Zweifel, daß die Nachhaltertrags-Regelung für die bezeichnete Wälderklasse eine höchst wichtige und unerläßliche Wirthschaftmaasregel seie, und daß sich solche auf ganz allgemeine Grundlagen und Regeln zurückführen lasse, daher einer streng wissenschaftlichen Behandlung fähig seie, so folgt hieraus auch unsere Verpflichtung, uns mit jenen Grundlagen und Grundsätzen genau bekannt zu machen und sie als Maasstab bei der Beurtheilung der bekannten W. E. Regelungmethoden anzuwenden, um somit zu einem allgemeinen Regelungverfahren zu gelangen und dadurch die Hauptbestimmung unserer Wälder allgemeiner und besser, als seither, nachhaltig zu realisiren.

Seinen Beitrag hierzu unterwirft der Verf., im vollen Bewußtsein eines redlichen und unparteiischen Strebens, gerne der noch so strengen Prüfung und Beurtheilung seiner dazu befähigten Fachgenossen. Da er seine Arbeit ganz allein in sachlichem Interesse unternahm, so wird er jede gründliche Berichtigung seiner ausgesprochenen Ansichten ebenso freudig und mit nicht geringerem Danke aufnehmen, als eine Bestätigung seiner gefällten Urtheile. Von den jetzigen Stimmführern der Tageskritik erwartet er aber erfahrungmäsig wenig oder nichts.

Giesen, im August 1847.

Der Verf.

Inhaltsverzeichnis.

I. Einleitung. §§ 1 — 14.

II. Grundsätzlichkeit der R. Methoden. §§ 14—35.

I. Einleitung.

§ 1.

1. Verschiedenheit der Wald-Nutzungen und Nachhalt-Betriebe.

1. Die Waldnutzungen theilt man bekanntlich ab: in Haupt- oder Holz-Nutzungen und in Neben-Nutzungen. Beide kann man veranschlagen entweder blos nach ihrem Material- (oder Natural-) Betrage, oder auch nach ihrem Geldwerth-Betrage. — Beim Holzertrage, zumal der Hochwälder, unterscheidet man wieder Abtriebs- oder Haubarkeit-Ertrag von den vorläufigen Zwischen- oder Vor-Nutzungen oder Durchforstung-Erträgen.

2. Die Nachhaltbetriebsarten zerfallen

A. in den aussetzenden (intermittirenden) Betrieb, wenn nicht alljährlich eine Waldnutzung, insbes. ein Abtriebs-Holzertrag erfolgen soll oder kann; und

B. in den jährlichen Nachhaltbetrieb, bei dem man auf eine alljährliche — und zwar die möglich höchste — Nutzung (Abtriebsertrag) nachhaltig rechnet. Je nachdem diese alljährl. Nutzung — bei vorhandener regelrechter (normaler) Holzbestandsbeschaffenheit — dem Betrage nach sich gleich bleiben soll oder nicht, unterscheidet man wieder den strengsten und den strengen Nachhaltbetrieb.

Unseren nachfolgenden Untersuchungen werden wir nur den strengsten Nachhaltbetrieb mit alleiniger Rücksicht auf den Holznaturalertrag zu Grunde legen.

§ 2.

2. Wichtigkeit des strengsten Nachhaltbetriebs.

Er entspricht vornweg dem Interesse der Holzkonsumenten, weil das Holz, zumal das Brennholz, ein primäres Lebensbedürfnis ist, welches alljährlich und in ziemlich gleicher Gröse wiederkehrt, während das Holz weder zu langer Aufbewahrung, noch zu weiter Verführung, am wenigsten auf der Achse, taugt. Die Einhaltung und Sicherung dieses Betriebs bildet darum eine der wichtigsten Obliegenheiten der Forstpolizei, vorzugweise in Staats- und Kommunal-Wäldern.

Doch finden bei ihm (und bei dazu genügendem Waldareal) auch die Waldbesitzer ihre Rechnung, weil er ihnen — neben einem vortheilhaften Holzabsatze — zugleich ein willkommenes jährliches Einkommen gewährt. Am meisten betheiligt sind bei seiner Einhaltung die Grundherrn von Lehenswäldern, die Interessenten der Familienfideikommiß- und Majorats-Wälder, so wie die Gläubiger von verunterpfändeten Waldungen.

3. Grundbedingungen des strengsten Nachhaltbetriebs.

§ 3.

A. Uebersicht derselben.

Sie sind für eine — mit einerlei Umtriebszeit behandelte — Waldung, welche nachhaltig alljährlich einen gleich grosen (und den möglich höchsten) Abtriebsertrag (Etat) in Holz von dem festgesetzten Haubarkeitalter abwerfen soll, folgende:

1. Normaler Holzzuwachs auf allen produktionfähigen Theilen des Waldes;

2. Normale — der Länge der U. Zeit ensprechende — Holzalterstufenfolge, welche beim schlagweisen Betriebe auf gleich viele, im Abtriebsertrage einander gleichstehende, Flächen (Schläge) vertheilt sein muß. (Normale Bestands- und Schlag-Reihe der Betriebsklasse.)

3. Normaler stockender Holzvorrath — bestehend in dem lebenden prädominirenden Massegehalte auf allen normalen Schlägen der Betriebsklasse — als nothwendige Folge der Bedingungen unter 1 und 2.

Sicher bedarf es nur eines sehr geringen Grads von Einsicht, um sich von der absoluten Nothwendigkeit vorgenannter 3 Bedingungen für den strengsten Nachhaltbetrieb zu überzeugen. Wenn man diese Bedingungen nun dennoch fortwährend theils zu ignoriren, theils unter den nichtigsten Vorwänden zu bekämpfen sucht, so findet das in dem zähen Festkleben an gewissen Regelungverfahren wohl seine naheliegende Erklärung, aber gewiß nicht Entschuldigung. Wer den Zweck ernstlich will, muß auch die Mittel dazu anwenden! — Diese sonderbare Sachlage bestimmt uns, die obigen 3 Grundlagen des strengsten Nachhaltbetriebs in den folgenden §§ etwas näher zu beleuchten, müssen aber diejenigen, welchen diese gedrängte Erörterung nicht genügen sollte, auf die mehr ausführliche Behandlung dieser Materien in unserer W. E. Regelung (Giesen, 1841) verweisen und werden deshalb die einschlägigen Stellen dieser Schrift anziehen.

§ 4.

B. Holzzuwachs.

1. Seine hohe Bedeutung ergibt sich von selbst, wenn man erwägt, daß er das einzige Material der Holzertrags-Regelung ist, indem letzte ganz allein mit der zeitlichen und räumlichen Ordnung des Holzmassezuwachses eines Waldes sich befaßt (W. E. R. § 2).

Auf diese höchst einfache theoretische Basis der W. E. Regelung kann nicht nachdrücklich genug hingewiesen werden, weil sie noch sehr allgemein verkannt wird und hierin zunächst der Grund der mannigfachen und unter sich so sehr abweichenden Anleitungen zur W. E. Regelung zu suchen ist. Wie oft lesen und hören wir: — „diese oder jene Regelung-Formel influire auf den Waldzuwachs". — Als wenn irgend eine Regelungmethode Zuwachs neu erschaffen könnte und überhaupt etwas anderes vermöchte, als den in einem Walde natürlich erfolgenden Zuwachs auf die Folgezeit zur Nutzung zu vertheilen? — Sprach doch selbst ein namhafter Kritiker einer gewissen Regelungformel den ersten Preis der Vortrefflichkeit und Konsequenz zu und rügte nur so nebenbei und leichthin: — „daß die Formel **blos** den Waldzuwachs fehlerhaft veranschlage und behandle"! Was würde er von folgendem Urtheile halten: „den praktischen Arzt N. stelle ich unter allen Heilkünstlern oben an; — gebe aber zu, daß er in der Regel die Krankheiten seiner Patienten mißkennt und ihnen unheilsame Arzeneien verordnet"? —

2. Einflüsse auf die Massezuwachs-Gröse sind: — die Waldflächengröse, Standortsgüte, Holz-, Betriebs- und Waldbehandlung-Arten, die Länge der U. Zeit, die Bestandsgüte und mancherlei störende Einwirkungen von ausen her (W. E. R. §§ 20—27).

Normalen Zuwachs nennt man den unter günstigen Verhältnissen möglichen; — abnormen den unter ungünstigen Verhältnissen (z. B. bei mangelhafter Bestandsbeschaffenheit ꝛc) wirklich erfolgenden (geringeren). W. E. R. § 26.

Man trennt weiter den Abtriebs- (oder Haubarkeit-) Zuwachs von dem Zwischennutzung-Zuwachse (s. ob. § 1. 1.).

3. Massezuwachs-Gang der Holzbestände.

A. Man unterscheidet **laufend**-jährlichen und periodischen Zuwachs von dem **durchschnittlich**-jährlichen Zuwachs — als dem Quotienten aus den Bestandsalterjahren (=i) in die während dieser erfolgten Zuwachsmassen (=m), nämlich $\frac{m}{i}$. — Bei Ermittlung des durchschnittl. jährl. Zuwachses kann man entweder gegenwärtiges Alter und Massegehalt der Einzelbestände zu Grund legen oder deren künftiges Abtriebsalter und ihren dann erfolgenden Abtriebsertrag (W. E. R. § 13.)

B. Für den Zweck der W. E. Regelung entscheidet nicht sowohl der laufend-jährliche, als vielmehr der nach dem künftigen muthmaaslichen Bestandabtriebsalter sich berechnende durchschnittlich-jährliche (W. E. R. § 100 und 105).

C. Bei Hochwald-Beständen, zumal mit von vornherein langsam wüchsigen Holzarten, weicht der laufend-jährl. Zuwachs von dem durchschn. jährlichen durch die verschiedenen Bestands-Lebensstufen hin merklich ab; jener steigt anfangs geraume Zeit hin, bis er nach Eintrit seines höchsten Standes wieder und fortwährend zu sinken beginnt. Der höchste durchschn. jährl. Zuwachs trit später ein, hält sich weit länger auf gleicher Stufe und sinkt dann auch späterhin weniger rasch. — Bei Niederwald-Beständen dagegen ist die Abweichung zwischen dem laufend- und dem durchschnittlich-jährlichen Zuwachs viel geringer (W. E. R. § 18).

D. Den aus der Vergangenheit stammenden und auf die Gegenwart überkommenen Zuwachs nennt man stockenden Vorrath. Bei einer zum strengsten Nachhaltbetrieb bestimmten Klasse vertheilt sich der fortlaufende Klassenzuwachs theils auf den vorhandenen Vorrath (bis zu dessen eintretender Abholzung), theils auf die Bildung eines neuen Vorraths auf den nach und nach abgetriebenen und mit jungem Holze frisch bestellten Schlägen. (§ 7. 3 S. 10).

§ 5.

C. Normale Bestandsalter- und Schlag-Reihe; Betriebsklassen.

1. Betriebsklassen. — Werden alle — zum schlagweisen Betriebe bestimmten und mit einerlei Betriebsart bewirthschafteten — Bestände eines Walds auch mit einerlei Um-

triebszeit behandelt, so wird für alle zusammen eine Holzalterstufenfolge und Schlagreihe hergestellt (§ 3. 2) und diese bilden so eine Betriebsklasse.

Sind aber diese — wenn schon zu gleichem Umtriebe bestimmten — Bestände nicht von gleicher Betriebsart oder nicht von einerlei Holzart oder Bestandsmischung, sondern aus, flächenweise gesonderten, verschiedenen Holzarten zusammengesetzt, und es soll alljährlich von jeder Betriebs- oder Holzart eine gleich grose Nutzung aus Beständen von dem angenommenen Umtriebsalter bezogen werden, so ist auch für eine jede Betriebs- und Holzart eine selbstständige Betriebsklasse herzustellen, weil ohne dieß jene Bedingung nicht erfüllbar wäre.

Werden aber die Bestände eines Waldes nicht mit einerlei Umtriebszeit bewirthschaftet, so muß wieder für die in ihrer normalen U. Zeit völlig oder doch nächst übereinstimmenden Bestände eine besondere Betriebsklasse geschaffen werden, weil sonst, beim Zusammenfassen von Beständen von verschiedenen Umtrieben in eine einzige Klasse, die normalen Haubarkeitalter nachhaltig nimmer einzuhalten wären.

Auch manche — auf einzelen Waldtheilen lastenden und auf den Holzzuwachs wesenlich einwirkenden — Servituten, wie Dienstbarkeiten auf Waldstreu und Waide, machen oftmal, selbst bei Uebereinstimmung der Betriebs- und Holzart und Umtriebszeit, die Einrichtung besonderer Betriebsklassen für sie rathsam.

M. s. unsere W. E. Reg. § 29; § 62; § 105. III. 1. 6. — Ueber die Mittel, die lästige Menge der Betriebsklassen ohne sachlichen Nachtheil auf das minimum zu reduziren sh. m. uns. Beitr. z. Fstwss. 2tes Hft. S. 42 bis 46, so wie auch hier unten in § 11. 1.

2. Zahl und Gröse der Schläge einer B. Klasse. — Die Menge der nöthigen Bestandalterstufen, so wie auch die der Schläge beim schlagweisen Betriebe, steht in geradem Verhältnisse zur Länge der Klassenumtriebszeit; — dagegen steht

die Flächengröse der Einzelschläge im umgekehrten Verhältnisse: einmal zur Umtriebslänge, sodann zur Standortsgüte. (W. E. R. § 12. 4, § 28. 1).

Nur beim Kahlschlagbetriebe muß die Zahl der Schläge mit der Zahl der Klassenumtriebs-Jahre übereinstimmen; allein beim Hochwaldbetriebe mit allmählicher Wegnahme der Samenbäume (dem Femelschlagbetriebe) nur mit dem Quotienten q aus der Verjüngungdauer d in die Umtriebsjahre u, nämlich $q = \frac{u}{d}$; und die Holzalterstufen auf diesen Schlägen erscheinen als regelrecht, wenn sie um die halbe Verjüngungdauer unter dem Normalstande sich befinden. (W. E. R. § 28. 1. u. 2.)

Die normale Schlag- und Bestandsalter-Stufenfolge fehlt zwar noch durchgängig in unseren Wäldern und muß daher erst erstrebt werden, wiewohl sie sich selten ganz genau erreichen und, wenn auch vorhanden, auf die Dauer nicht strenge festhalten läßt, am wenigsten bei Hochwäldern mit natürlicher Verjüngung, am ersten noch bei Niederwäldern. Immerhin muß aber nach diesem Ziele hingearbeitet werden.

§ 6.

D. Normaler Holzvorrath auf dem Stocke.

1. Bestand desselben. — Er setzt sich zusammen aus der prädominirenden lebenden Holzmasse auf allen normal bestandenen und beschaffenen Schlägen einer Betr. Klasse, vom jüngsten an bis zum ältesten hin, und stammt aus dem angehäuften Zuwachse der Vergangenheit her; §. 4. 3. D. — (Ueber die Unzulässigkeit der Beiziehung der Zwischennutzungen bei der Vorrathsbestimmung s. m. W. E. R. § 31.)

2. Die Einflüsse auf den Massenbetrag des N. Vorraths einer Betr. Klasse sind deshalb auch ganz dieselben, welche die Gröse des norm. Klassenzuwachses bedingen, nämlich die Waldgröse, Standortsgüte, Holz-, Betriebs- und Waldbehandlung-Art, bei regelrechter Bestandsgüte; — sodann aber auch die

Länge der festgesetzten Klassen-Umtriebszeit, zu welcher der N. Vorrath in geradem Verhältnisse steht, weshalb seine Gröse mit der Umtriebslänge gleichmäsig steigt und fällt (W. E. N. § 32).

Den geringen Einflus, welchen die Jahreszeit, in welcher man die Berechnung des N. Vorraths vornimmt, auf dessen Gröse ausübt, s. m. in W. E. N. §§ 32. 33. 42. 43.

3. Berechnungweise des N. Vorr.-Betrags. — Diesen findet man, wenn man den Massegehalt des ältesten Jahresschlags ($=z$) durch die halbe Klassen-Umtriebszeit ($=\frac{u}{2}$) multiplizirt, nämlich $z\times\frac{u}{2}=\frac{uz}{2}$ — d. h. der N. Vorrath ist gleich der Hälfte derjenigen Holzmasse, welche die Betr. Klasse besäse, wenn sie durchaus mit Holz von dem norm. Umtriebsalter vollkommen bestanden wäre; oder er ist auch gleich der gesammten Holzmasse der Klasse, wenn diese durchaus bestanden wäre mit Holz von dem halben U. Alter.

Setzt man $z=1$, so drückt $\frac{u}{2}$, d. h. die halbe U. Zeit, das Grösenverhältnis des N. Vorraths aus.

Es ist dann aber auch nöthig, daß man den **wirklichen** Vorrath nicht normal bestandener Klassen in derselben Weise veranschlagt, nämlich den Massegehalt jedes Einzelbestands gleichsetzt dem Produkte **aus** seinem Alter **in** seinen **durchschn. jährlichen** (muthmaaslichen) Abtriebsertrag und zuletzt die Produkte von allen Beständen addirt.

Diese Berechnungart unterstellt, daß der laufend-jährliche Zuwachs mit dem durchschnittlich-jährlichen Abtriebs-Zuwachs durch alle Altersstufen hin übereinstimme, wie es in der Wirklichkeit nur bei Niederwäldern der Fall ist, etwas weniger schon bei Hochwaldbeständen und schnellwüchsigen Holzarten, weniger dagegen bei anfangs langsam wüchsigen Holzarten, wiewohl auch bei diesen und bei nicht sehr niederen Umtriebzeiten die summarische Abweichung nur einige wenige Prozente beträgt. Wäre die Differenz aber auch vielmal gröser, so dürfte für den Zweck der Waldertrags-Regelung dennoch keine andere, als jene Veranschlagungweise stattfinden, wie wir in uns. W. E. Reg. § 38 und § 100. III. 3, noch ausführlicher aber im 1ten Hefte uns. Beitr. z. Forstw. I. § IX und XVI dargethan haben, auf welche Nachweise wir hier nur Bezug nehmen mit dem Wunsche, daß sie allgemein die verdiente Berücksichtigung finden möchten. Sehr wichtig erscheint aber offenbar jene Art der Berechnung beider Vorräthe nicht blos darum, weil sie dem Regelung-Zwecke am besten zusagt, sondern auch, weil sie die praktisch bequemste und ist insbesondere die überaus schwierige, ja kaum ausführbare Anfertigung detaillirter, nämlich alle Altersstufen umfassender, Holzzuwachstafeln entbehrlich macht. —

§ 7.

E. Gegenseitige Verhältnisse zwischen Normal-Zuwachs, Vorrath und Etat einer Betriebsklasse.

1. Die jährliche Nachhaltnutzung (Etat) an prädominirender Holzmasse — abgesehen von den Zwischennutzungen — kommt in einer normal beschaffenen Betriebsklasse mit schlagweisem Betriebe gleich:

A. dem Massengehalte des ältesten normalen Jahresschlags (W. E. R. § 36); auch

B. dem durchschnittlich-jährlichen Abtriebszuwachse aller normaler Schläge; auch

C. dem laufend-jährlichen Zuwachse (am prädom. Holze) auf allen norm. Schlägen (W. E. R. § 44).

a. Die Bestimmung unter C ist nur dann genau, wenn man von dem laufend-jährl. Zuwachse aller unter dem Haubarkeitalter stehender Bestände denjenigen Theil in Abzug bringt, welcher noch den Zwischennutzungen zufällt, bevor der Bestand zur Haubarkeit und Verjüngung gelangt (W. E. R. § 44. 3. a).

b. Aus der Uebereinstimmung von A und B gewinnt man einen neuen Weg zur Ermittelung des norm. Klassenvorraths (§ 6. 3). Dieser ist nämlich auch gleich der Hälfte des Produkts aus der U. Zeit in den durchschn. jährlichen Klassenzuwachs $= u \times \frac{z}{2}$. (W. E. R. § 33).

c. Die Summe desjenigen durchschn. jährl. Klassen-Zuwachses, welche sich mit Zugrundlegung der gegenwärtigen Alter aller norm. Einzelschläge berechnet, weicht von den Resultaten nach B und C ab, wie wir in § 33 näher nachweisen werden.

2. Normales Zuwachs- und Nutz-Prozent einer Betriebsklasse. — Man versteht hierunter das geometrische Verhältniß zwischen dem norm. Klassenvorrathe v und dem norm. jährl. prädom. Holzzuwachse z oder dem jährl. Abtriebsetat e der Klasse, nämlich $\frac{z}{v}$ (Zuwachsprozent) und $\frac{e}{v}$ (Nutzproz.). — Bei norm. Zustande der Klasse sind beide Prozente einander gleich (W. E. R. § 38, § 45).

a. Diese einfache Wahrheit folgt schon aus den Angaben unter Zf. 1, wonach z = e. — Setzt man z oder e = 1, so entspricht beiden Prozenten — (da $v = \frac{uz}{2}$, daher $\frac{z}{v} = \frac{z}{uz : 2} = \frac{2}{u}$ ist) — der Ausdruck $\frac{2}{u}$ (mithin der umgekehrte Ausdruck für den N. Vorrath $= \frac{u}{2}$; § 6. 3. A.), und die Gröse beider Prozente steht daher im umgekehrten Verhältnisse zur Klassenumtriebs-Länge. Beide Prozente eröffnen wieder einen weiteren Weg zur Ableitung eines etwa noch unbekannten Normalvorraths. (Mehr hierüber W. E. R. § 45. 1.)

b. Man wolle aber nicht übersehen, daß hierbei wieder die Zwischennutzungen auser Rechnung blieben.

3. Gang der Zuwachsvertheilung auf alten und neuen Vorrath während einer U. Zeit in einer norm. Betriebsklasse. — Unter altem Vorrath v′ verstehen wir denjenigen N. Vorrath, welcher zu Anfang einer ersten Umtriebszeit u′ vorhanden ist und während u′ mit dem an ihm sich weiter anhäufenden Zuwachse nach und nach zur Nutzung kommt; unter neuem Vorrathe v″ aber denjenigen, welcher sich auf den nach und nach abgeholzten und zugleich wiederverjüngten Schlägen innerhalb u′ ansammelt und den N. Vorrath für die nächstfolgende zweite U. Zeit u″ bildet.

Setzt man den jährl. norm. Klassen-Zuwachs (oder auch den jährl. norm. Klassen-Etat, Zf. 1) = z, so ist der summarische Umtriebs-Zuwachs (oder Etat) = uz. Da nun der zu Anfang u′ vorhandene Klassenvorrath v′ schon $= \frac{uz}{2}$ ist (§ 6. 3.) und es nur noch ebensoviel, nämlich $\frac{uz}{2}$, von dem summar. U. Zuwachs bedarf, um jenen Vorrath zum vollen Betrage des U. Etats uz zu erhöhen, so folgt hieraus von selbst, daß der U. Zuwachs uz zur einen Hälfte sich auf v′ vertheile (und mit diesem in u′ zur Nutzung gelange), dagegen die andere Hälfte zur Bildung von v″ für den nachfolgenden Umtrieb u″ verwendet werde. — Demnach hat von zweien aufeinander folgenden U. Zeiten u′ und u″ jede gleiche Ansprüche auf den innerhalb u′ erfolgenden summar. Klassenzuwachs — was für den Zweck der W. E. Regelung eine sehr wichtige Thatsache ist, wie wir weiter unten näher ersehen werden.

Was den fortlaufend-jährlichen Gang der Vertheilung des jährl. Klassenzuwachses z auf v′ und v″ von Anfang bis zu Ende einer U. Zeit anlangt, so bildet der weitere Zuwachs an v′ eine fallende, der an v″ sich anhäufende eine steigende arithmetische Reihe, deren beiderseitige Glieder sich in jedem Jahre zu z ergänzen.

(W. E. R. §§ 39 bis 45.)

Man nimmt, und mit Recht, gewöhnlich an, daß in einem Hochwald-Verjüngungschlage mit allmählichem Abtriebe der Mutterbäume dessen Zuwachs während der Abtriebsdauer sich zur einen Hälfte auf die Samenbäume, zur anderen Hälfte auf den jungen Nachwuchs vertheile (W. E. R. § 41).

Auch bei vorstehenden Betrachtungen blieben der Zuwachs und Ertrag an Vornutzungen unberücksichtigt.

§ 8.

4. Zweck und Wichtigkeit der W. E. Regelung für den strengsten Nachhaltbetrieb.

1. Zweck. — Die W. E. Regelung oder Ordnung bezweckt die vortheilhafteste zeitliche und räumliche

Regelung und Bemessung des Nachhalt- insbes. des Holz-Ertrags der Wälder im Interesse ihrer Besitzer (W. E. Reg. § 5).

2. Ihre Wichtigkeit folgt theils aus der hohen Bedeutung des strengsten Nachhaltbetriebs sowohl für die Waldbesitzer, als auch für das gesammte Nationalwohl (§ 2); theils aus dem Umstande, daß schon die Festhaltung eines bereits vorhandenen W. Normalzustands für jenen Nachhaltbetrieb, weit mehr aber noch die Herstellung eines noch fehlenden W. Normalzustands, eine sehr schwierige Aufgabe ist, welche kein Forstmann — wäre er auch theoretisch und praktisch noch so ausgebildet — so ohne weiteres genügend zu erfüllen vermöchte — am wenigsten in ausgedehnteren Forsten und wenn diese, wie so häufig der Fall, aus verschiedenen Waldbesitzständen und Betriebsklassen zusammengesetzt sind und letzte mit hohem Umtriebe bewirthschaftet werden. Wer auf blose, wenn auch noch so genaue, Waldlokalkenntnis hin und ohne vorgängige Besorgung der nöthigen Vorarbeiten zur W. E. Regelung, die Aufgabe der letzten nur einigermaasen gründlich und zweckmäsig zu lösen verspricht — der täuscht offenbar sich selbst oder doch Andere!

Bei der unverkennbaren vielseitigen hohen Wichtigkeit des strengsten Nachhaltbetriebs, mithin auch der zu seiner Einhaltung unerläßlichen W. E. Regelung, für alle Klassen von Staatsbürgern muß es sehr befremden, daß die grösere Mehrzahl unserer Wälder — darunter sogar eine grose Menge Staats- und Kommunalwälder! — für jenen Betrieb noch nicht eingerichtet ist, und daß dieser Vorwurf viele Staaten trifft, deren Regierungen doch in allen übrigen Zweigen des Nationalwohls die thätigste Fürsorge offenbaren. Ganz gewiß gründet die hier gerügte Versäumnis nicht sowohl in der Scheu vor dem hierzu nöthigen (ohnehin geringen) Aufwande an Baarmitteln und Vollzugskräften, auch nicht in dem Mangel an gedruckten Anleitungen zur W. E. Regelung — als vielmehr gerade in der gröseren Menge an derartigen Anweisungen, in Verbindung mit den bedeutenden Abweichungen in ihren prinzipiellen Grundlagen und mit der von einigen derselben gebotenen Schwierigkeit ihrer praktischen Ausführbarkeit durch ein wissenschaftlich weniger ausgebildetes Lokalforstpersonal, sicher aber auch in der vielfältigen Erfahrung, daß die erzielten Regelung-Erfolge nur zu oft und zu weit hinter den geheegten Erwartungen zurückblieben, und daß mit allen Opfern an Kosten, Mühe und Zeit gar häufig wenig mehr erbeutet wurde — — als eine lästige und schädliche Fessel zur Hemmung einer freieren Bewegung in der praktischen Wirthschaftführung! —

In der That steht die innere Ausbildung der W. E. R. Lehre, ihrer vielfältigen Pflege ungeachtet, der aller übrigen Fachzweige weit nach. Um die Belege dafür zu gewinnen, braucht man gerade nicht bis zu den Hauptgrundlagen der verschiedenen Regel.-Methoden herabzusteigen; man darf sich nur daran halten, daß noch nicht einmal eine allgemeine Verständigung stattgefunden habe: über den Begriff und Zweck dieses Fachzweigs, ja selbst nicht einmal über seine passende Benennung! Dieser letzten Ausstellung wolle man nicht ihre sachliche Bedeutung absprechen. Man werfe uns nicht ein, daß der Name nicht über das Wesen und den Werth eines Gegenstands entscheide. Mag dem auch in den gewöhnlichen Lebensverhältnissen so sein — wiewohl es selbst da sich empfiehlt, das Kind beim rechten Namen zu rufen — in der Wissenschaft verhält es sich sicher anders. Dieser ist eine gute Terminologie nicht etwa blos edler Schmuck, sondern zugleich kräftige Stütze und wesenliches Mittel der Verständigung, und mit vollem Recht erblickt man in einer geläuterten Kunstsprache den Barometer des Wissenschaft-Kulturzustands. Es ist hier nicht der Ort, diese Materie weiter zu zergliedern. Wir wollen nur kurz nachweisen, daß die jetzt gebräuchlichen Benennungen des in Rede stehenden Fachgebietes durchaus nicht als sachgemäse erscheinen, weil sie den wahren Begriff und Zweck desselben mehr verhüllen und verwischen, als erhellen und begränzen; und überlassen es dem Urtheile unserer Leser, ob jener scheinbar nur formelle Mißstand eine blose Folge und nicht zugleich eine rückwirkende Ursache des jetzigen Stands der Fachlehre seie.

Dabei wollen wir uns nur an die gewöhnlicheren Termini, wie Forsttaxation, Forsteinrichtung, Forstbetriebs-Einrichtung oder Regulirung, Ordnung der Holzwirthschaft — halten und seltener vorkommende, wie die barbarischen und sinnlosen „Forstsystematisirung, Forstschematisirung“, ganz fallen lassen.

Der Ausdruck „Forst-Taxation oder Abschätzung“ mochte für jene Vorzeit weniger unpassend erscheinen, als man noch in dem gerade gegenwärtigen Holzvorrathe das einzige Material der W. E. Regelung erblickte, jenen durch blose Okularschätzung erhob und den Einflus des künftigen Zuwachses entweder nicht zu beachten oder doch nicht zu bemessen wußte. Jetzt aber beruht einestheils die W. E. Regelung nicht mehr auf blosen Schätzungen, sondern sie stützt sich auch auf gar mancherlei direkte Messungen; — und anderstheils finden wieder im Forsthaushalte eine Menge

Schätzungen statt, welche mit der Aufgabe der W. E. Regelung gar nichts gemein haben. Viel eher noch liese sich jener Terminus auf das (jedoch selbstständige) Gebiet der Waldwerthrechnung anwenden, wiewohl der letzten Bezeichnung der Vorzug gebührt.

Auch der Wortlaut von „Forsteinrichtung" und „Forstbetriebsregulirung" indizirt ganz andere Begriffe, als den der W. E. Regelung. Unter einem (oder einer) Forst versteht man wohl allgemein einen Komplex von Waldungen eines oder verschiedener Besitzer, welche zu einem Wirthschaftbezirk vereinigt und einem Wirthschafter (Revier- oder Oberförster) zur Verwaltung übergeben sind. Ein Forst ist demnach ein Wirthschaft-Bezirk. Buchstäblich genommen, kann die „Einrichtung eines Forsts" nur darin bestehen, daß man einen solchen Dienstbezirk organisirt, nämlich ihm die angemessene Waldmasse zutheilt, etwa auch das für ihn erforderliche Dienstpersonal (Revierförster, Forstschützen, Gelderheber rc) bestimmt und instruirt. Alle diese Maasregeln stehen zu der W. E. Regelung in gar keiner näheren Beziehung, als wie zu allen übrigen Zweigen des Forsthaushalts — dem Wald-Baue, Schutze, der Waldbenutzung rc. — Zudem ist die „Einrichtung eines Forsts" nicht einmal nothwendige Bedingung für die W. E. Regelung selbst, indem letzte auch in Privatwäldern statthat, welche für sich keinen Forst bilden und etwa nur aus forstpolizeilichen Gründen einem Staatsforste zugetheilt sind.

„Betreiben" läßt sich aber ein Forst schwerlich mit etwas anderem, als mit — Vieh. Unter „Forstbetriebsregulirung" wird man daher dem strengen Wortlaute nach nicht leicht etwas anderes begreifen können, als etwa : „Regulirung der Waldhute" — und es nebenbei gerade nicht für simple Deutschthümlei erklären wollen, wenn man die holprige und fremdzüngige Flektion „Regulirung" gegen das nettere und deutsche „Regelung" umtauscht.

Um einen besseren Sinn in die beiden Komposita zu bringen, müßte man ihnen noch ein drittes Wort — „Wirthschaft" — einschieben, nämlich „Forst-Wirthschaft-Einrichtung, Forst-Wirthschaft-Betriebs-Regelung" setzen. Sie würden dann ungefähr so viel bedeuten, wie „Holzwirthschaft-Ordnung" oder das französische aménagement des forêts. Allein alle diese Ausdrücke sind keine Aequivalente für „Waldertrags-Regelung"; es mangelt ihnen alle Präzision und sie umfassen, etymologisch betrachtet, zu viel und zu wenig. Denn während einerseits dem Begriffe von „Waldwirthschaft-Einrichtung, Regelung oder Ordnung" alle Zweige der W. Wirthschaftführung anheim fallen, mithin nicht allein die W. E. Regelung, so kann andererseits wieder eine derartige „Einrichtung" rc von der Vornahme einer W. E. Regelung als ganz unabhängig gedacht werden; jene „Einrichtung" bleibt nämlich auch da unerläßlich, wo eine Ertragsregelung gar nicht statthat, wie z. B. beim aussetzenden Nachhaltbetriebe (§ 1. 2. A).

Jenen vagen Benennungen entsprechend, finden wir das Feld der W. E. Regelung auch wirklich theoretisch abgegränzt. Man hat dieser Lehre eine Menge Materien einverleibt und zugleich in den Vordergrund postirt, welche theils gar nicht, theils doch nicht in dem gegebenen Umfange dahin, sondern in andere Abschnitte des Systems unserer Fachwissenschaft gehören, wie z. B. sehr breite Anleitungen zur Auswahl der Holz-, Betriebs- und Waldbehandlung-Arten und der U. Zeiten, zur Wald-Gränzregelung, Vermessung, Chartirung ꝛc. Will man sich zur Rechtfertigung dieses Verfahrens etwa darauf berufen, daß jene Materien ja mit der Waldzuwachsgröse konnex seien und deshalb auch unentbehrliche Prämissen zur W. E. Regelung lieferten — so wäre dagegen zu bedenken, daß dann folgerichtig die ganze W. Produktionlehre in das Gebiet der W. E. Regelung verpflanzt werden müßte. Jene Gegenstände haben schon längst im W. Baue, Schutze und Benutzung, der F. Botanik, Statik ihre richtige Stelle und ausführliche Behandlung gefunden. Und da das Studium der W. E. Regelung die Bekanntschaft mit jenen Fachzweigen bedingt, so erscheint dort ein nochmaliges Breittreten dieser Stoffe nicht minder überflüssig, als in der W. Werthrechnung, welche auf jene Vorkenntnisse sich ebenfalls stützt und obendrein noch auf die W. E. Regelung. In einem forstwissensch. Kompendium mag man Eingangs der forstl. Haushalts- oder Gewerbs-Lehre das in diese Einschlägige aus jenen Materien in einem besonderen Abschnitte unter der Benennung „Begründung, Einrichtung und Inventarisirung des Waldwirthschaftbetriebs" übersichtlich zusammenordnen, welche Einrichtung sich schon darum empfiehlt, weil diese Anleitung für jedweden Forsthaushalt, mag derselbe auf eine Ertrags-Regelung basirt sein oder nicht, unentbehrlich erscheint. Auch läßt sich dagegen nichts einwenden, wenn die Besonderwerke über W. E. Regelung den Einflus jener allgemeinen wirthschaftlichen Maasregeln auf diesen Fachzweig erwähnen und nachweisen. Allein dagegen müssen wir ankämpfen, daß man da dieselben ihrem ganzen Umfange nach behandeln, ja als den Haupttheil der W. E. R. Lehre betrachten will, wie wir schon im Vorworte gerügt haben. Daß wir ganz andere und höhere Anforderungen an diesen Lehrzweig stellen, wird sich aus nachstehenden §§ ergeben.

5. Ansprüche an eine zweckmäsige W. E. Regelung-Theorie.

§ 9.

A. Uebersicht derselben.

Sie sind sehr mannigfache, lassen sich aber auf folgende 4 Abtheilungen zurückführen:

1. Berücksichtigung der zeitlichen Nutzunganspüche von Seiten der betreff. Waldbesitzer und der Nutzung-Konsumenten.

2. Beachtung eines rationellen Waldwirthschaftbetriebs, mit Hinsicht auf die vorhandenen Bestockungverhältnisse des zu regelnden Waldes.

3. Herstellung eines noch fehlenden Waldnormalzustandes.

4. Sicherstellung und Vervollkommnung einer vollzogenen W. E. Regelung.

§ 10.

B. Nutzungansprüche der Waldbesitzer und der Konsumenten.

Der nächste und Hauptzweck der Waldwirthschaft geht auf vortheilhafteste Benutzung der Wälder im Interesse ihrer Besitzer; daher auch die erste und wichtigste Aufgabe jeder W. E. Regelung dahin: in den zum strengsten Nachhaltbetriebe bestimmten Waldungen deren Nutzungen (ihrem Betrage und ihrer Eingangzeit nach) in einer den gerechten Wünschen und den Bedürfnissen der betr. Besitzer möglichst, entsprechenden Weise zu ordnen — keineswegs aber dahin: blos einem noch mangelnden Normalzustande (welcher ja nur Mittel für jenen Zweck und diesem daher auch untergeordnet ist!) nachzujagen.

Die Wälder machen einen sehr beträchtlichen Theil des

Privat- und National-Vermögens und Baareinkommens aus; die Art der Regelung dieses Einkommens muß deshalb für die Waldbesitzer von hohem Interesse sein. Dieß ist selbst bei Staatswäldern der Fall, obschon den Staaten mancherlei Wege zur Aufbringung der öffentlichen Bedürfnisse offen stehen. Denn auch hier liefert das Waldeinkommen meist einen sehr willkommenen Zuschus in das Aerar, für dessen Ausfall die Steuerpflichtigen weiter belastet werden müßten, abgesehen von den oft noch grösseren Nachtheilen, welche den Holzkonsumenten aus einer periodischen unnöthigen Beschränkung des Naturalertrags dieser Wälder erwachsen würden. — In noch höherem Grade sind aber begreiflicher Weise die Gemeinden bei der Ertragsregelung ihrer Wälder betheiligt und häufig noch mehr die Interessenten der Stifts- und Majoratswälder und die Besitzer von anderen Privatwäldern. Bei diesen kann sehr leicht durch eine rücksichtlose Ertragsordnung der pekuniäre Wohlstand der Betheiligten für lange Zeiten ernstlich bedroht, ja gänzlich untergraben werden; und es darf daher die Abneigung so vieler Waldbesitzer, ihre Waldung freiwillig einer Ertragsregelung zu unterwerfen, um so weniger befremden, als wir unten die Nachweise liefern werden, daß bei fast allen Regelungmethoden die Rücksicht auf die zeitlichen Nutzunganspruche eine sehr untergeordnete Stelle erhalten hat.

Nächst den Waldbesitzern sind es die Holzkonsumenten, deren Bedürfnisse bei der Ertragsregelung, vornweg in Staats- und Kommunalwaldungen, alle Beachtung verdient, weil, wie schon oben bemerkt, das Holz ein Gut der Nothdurft und zugleich das Lebenselement fast aller Gewerbe ist. Doch darf man diese Fürsorge nicht über das rechte Maas ausdehnen wollen, wie das diejenigen beabsichtigen, welche mit Rücksicht auf eine künftige Steigerung der Population und der Gewerbsthätigkeit und auf den damit wachsenden Holzbedarf, als allgemeine Norm für die E. Regelung vorschreiben, daß auch die Holznutzungen durch eine ganze erste Umtriebszeit von Periode zu Periode steigen sollen —

dabei aber nicht erwägen, daß nach Ablauf dieser ersten U. Zeit eine plötzliche Herabsetzung des Nachhaltetats nöthig und diese Maasregel dann doppelt gefährlich werden würde. Sie schliest deshalb eine Verletzung des Interesses der Gegenwart, wie der spätern Zukunft in sich. Ohnehin bleibt der folgenden Generation der erlaubte Vortheil, welcher aus der Ertragserhöhung in Folge eines durch die Fortschritte der Wissenschaft geförderten rationelleren Forstwirthschaftsbetriebs in Aussicht steht.

Wenden wir uns nun zur Ermittelung der Gröse der Nutzungansprüche von Seiten der Waldbesitzer 2c. Diese Ansprüche lassen sich abtheilen in regelmäsige und in auserordentliche.

1. Bei den regelmäsigen haben wir zu unterscheiden die bei vorhandenem oder mangelndem W. Normalzustande.

A. Bei vollem Normalzustande einer Betriebsklasse kommt, wie wir schon aus § 7. wissen, die jährl. Abtriebsnutzung (abgesehen von dem Zugange an Vornutzungen) gleich:

a. dem Holzgehalte des ältesten Jahresschlags, oder auch

b. dem Betrage des jährlichen Zuwachses z der ganzen Klasse.

c. Es beläuft sich daher die Abtriebsnutzung während eines Kl. Umtriebs u zwar auf uz;

d. jedoch besteht diese Nutzung in der Wirklichkeit zur einen Hälfte aus dem zu Anfang u′ vorhandenen Normalvorrath v′ (dem Betrage nach = uz : 2), und nur zur anderen Hälfte aus dem an diesem Vorrathe bis zu seinem allmählichen und gänzlichen Abtriebe noch weiter erfolgenden Zuwachse (ebenfalls = uz : 2), während die zweite Hälfte dieses wirklichen Klassenzuwachses (= uz : 2) in u′ ungenutzt bleibt und zur Herstellung des N. Vorraths v″ für die nachfolgende U. Zeit u″ dient.

e. Es erstrecken sich deshalb die norm. Nutzungansprüche einer U. Zeit auf den Bezug — theils des zu Anfang u′ vorhandenen norm. Vorraths — theils des halben Klassenzuwachses während u′; wogegen die nachfolgende U. Zeit u″ die andere Hälfte dieses Klassen-Umtriebszuwachses als ihren Vorrath v″ anzusprechen hat.

Aus vorstehenden Nutzunggesetzen bei vorhandenem vollem Normalzustande einer Klasse lassen sich sehr wichtige Regeln ableiten für die Gröse der Nutzbeträge

B. bei abnormer Beschaffenheit einer Klasse.

Es wird gewöhnlich angenommen, daß die durch abnorme Bestockung-Verhältnisse veranlaßten Abweichungen von den regelmäsigen Nutzbeträgen gerade innerhalb eines ersten Klassen-Umtriebs u′ ausgeglichen werden sollen, so daß mit Beginn des zweiten Umtriebs u″ der Klassenzustand den nachhaltigen Fortbezug des N. Etats gestatten könnte. Wir sind nun zwar weit davon entfernt, diesen Ausgleichungzeitraum als allgemeine Regel gelten zu lassen, und werden im § 11 unsere Bedenken dagegen aussprechen; wollen aber für jetzt jene Annahme beibehalten.

Denkt man sich zwischen u′ und u″ ein Verhältnis wie zwischen Schuldner und Gläubiger, so erfüllt u′ seine Verbindlichkeit gegen u″ vollkommen, wenn jener diesem den N. Vorrath v″ (im Betrage von der Hälfte des vollen Klassenumtriebs-Zuwachses) und möglichst in regelmäsiger Altersabstufung und in gutem Zuwachse überliefert. Weiter geht die Verpflichtung von u′ nicht. Dieser hat dagegen vollen Anspruch auf den Bezug aller übrigen möglichen Nutzungen über jenen Schuldbetrag hin, nämlich auf die Nutzung des zu Anfang u′ vorhandenen wirklichen Vorraths wv′ und des nach Abzug von v″ verbleibenden Rests von dem wirklichen Klassen-Umtriebszuwachse wuz. Die summarische Nutzung von u′ besteht daher in v′ + wuz — v″. Sie kann, je nach den Bestockungverhältnissen, eben so gros oder gröser oder kleiner sein, als die normale, welche bei regelrechter Bestockung der Klasse erfolgen würde.

a. Die wirkliche summar. U. Nutzung während u′ kommt im Betrage der normalen nur dann gleich, sobald der vorhandene wirkliche Vorrath v′ die normale Gröse und, wenn auch nicht die regelmäsige Alterabstufung, doch den normalen Durchschnittzuwachs besitzt und bis zu seinem allmähligen Abtriebe behält, so daß also während u′ der Gesammtzuwachs der Klasse mit dem normalen übereinstimmen würde, wenn man, wie gewöhnlich geschieht, voraussetzt, daß die während u′ auf den abgeholzten Schlägen nachgezogenen Bestände (welche den N. Vorrath v″ für den zweiten Umtrieb u″ bilden sollen) vollkommen ausfallen, daher ebenfalls den normalen Zuwachs erhalten. Durch den allmählichen Abtrieb des v′ in u′ werden aber die summ. Nutzunganspruche von u′ nur dann erfüllt, wenn die Bestandsverhältnisse der Art sind, daß an v′ bis zu seinem gänzlichen Abtriebe auch gerade die Hälfte des (normalen) Klassen-Umtriebszuwachses (= uz : 2) sich anlegen kann und mit v′ zur Nutzung gelangt. Wäre dieß nicht der Fall, legte sich weniger als uz : 2 an v′ an (und deshalb auch mehr an v″), so würden durch den suzzessiven Abtrieb von v′ mit seinem Zuwachs die gerechten Nutzunganspruche von u′ nicht voll befriedigt, sondern zu Gunsten von u″, welcher einen gröseren als den ihm gebührenden Vorrath erhielte, verkürzt werden. Einen Ersatz für diesen Ausfall kann in dem Falle u′ nur dadurch erlangen, daß er in v″ **vorgreift**, nämlich einen Theil der in u′ zuerst nachgezogenen (daher ältesten) Bestände anhaut und wieder verjüngt, in so weit es zur Ausgleichung jener Verkürzung nöthig erscheint.

Diese in dem angegebenen Falle grundsätzlich bedingten Vorgriffe eines Umtriebs in den für den nachfolgenden Umtrieb bestimmten Vorrath bilden einen bisher zwar völlig unbeachtet gelassenen, nichts desto weniger sehr wichtigen Theil der W. E. R. Lehre. Jene Fälle kommen dann vor, wenn beim Fortbezuge des regelrechten Etats v′ mit seinem weiteren Zuwachse für die ganze Dauer von u′ nicht ausreicht, sondern früher aufgezehrt wird, und wir haben einen solchen Fall in uns. W.

E. Reg. § 48 näher erörtert. — Der umgekehrte Fall, daß nämlich an v' bis zu seinem gänzlichen Abtrieb in u' mehr als die Hälfte des vollen Klassen-Umtriebszuwachses (= uz : 2) sich anlegen könnte, so daß also v'' verkürzt und deshalb u'' Ansprüche auf Uebertragung eines aequivalenten Theils von v' erheben könnte — dieser Fall kann nicht eintreten, wenn der zu Anfang von u' vorhandene Vorrath v' nicht mehr als die normale Gröse besitzt.

b. Die summ. Nutzung während u' übersteigt dann die normale, wenn v' bei vorhandenem vollem Kl. Zuwachs gröser ist, als der dem Kl. Umtriebe entsprechende Normalvorrath nv, mithin ein Vorr.-Ueberschus besteht. Dieser Ueberschus kommt u' zu gut, und er muß weggenommen werden, weil sein Fortbestand zu einer höheren, als der festgesetzten normalen Kl. Umtriebszeit hinführen würde (§ 6. 2 S. 7). Er wird aber dadurch absorbirt, daß man den jährl. Etat über den jährl. Zuwachs der Klasse hin so lange und so weit erhöht, bis v' = nv geworden ist.

c. Der Fälle, worin die summ. Nutzung während u' unter der normalen bleiben muß, giebt es zweie.

Der Eine davon trit dann ein, wenn v' weniger beträgt, als nv. Wollte man hier die jährl. Nutzung dem wirkl. Kl. Zuwachse gerade gleich setzen, so würde das Vorr.-Defekt stets bleiben und u'' nicht den gebührenden nv erhalten, auch ein der Defekts-Gröse entsprechender niedererer Umtrieb eintreten. Um dieß zu verhindern, müßte man die jährl. Nutzung unter den jährl. Kl. Zuwachs so lange herabsetzen, bis v' sich auf nv erhöht hätte, was noch innerhalb u' geschehen müßte, wenn zu Anfang u'' der Normalvorrath vorhanden sein sollte.

Der zweite Fall trit dann ein, wenn zwar zu Anfang u' der v' = nv, aber in Folge mangelhafter Beschaffenheit der Bestände der Kl. Zuwachs abnorm und nicht voll vorhanden wäre. Um hier v' auf seinem normalen Stande zu erhalten, dürfte man die jährl. Nutzung nur dem abnormen Kl. Zuwachse gleichsetzen, daher auch so lange, als der Zuwachsdefekt andauert, die Nutzung nicht bis zum jährl. normalen Kl. Zuwachs erhöhen. (Eine Ausnahme von diesem Nutzunggange bei einem sehr bedeutenden Zuwachsdefekte werden wir § 11. 2 S. 30 kennen lernen.)

d. In den Fällen b. und c. muß begreiflich einen grosen Einflus auf den Nutzung-Gang und Betrag in u' ausüben: — einmal die Wahl des Zeitraums, innerhalb welches der abnorme Vorrath auf den normalen Stand gebracht werden soll; — sodann aber auch die Art und Weise, in welcher man innerhalb dieses Zeitraums die Vorr.-Ausgleichung selbst vornimmt.

α. Was den Ausgleichungzeitraum anlangt, so haben wir zwar bis daher in Uebereinstimmung mit der Mehrzahl der Schriftsteller unterstellt, daß derselbe mit der Länge des Kl. Umtriebs u' zusammenfallen solle. Diese Annahme ist jedoch eine nichts weniger als rationelle, sondern sehr willkührliche, welche wohl in einzelen Fällen als zweckmäsig erscheinen mag, dagegen in unzähligen anderen Fällen ganz und gar nicht, dann aber auch die zeitlichen Nutzungansprüche der Waldbesitzer nothwendig mehr oder weniger verletzen muß. Die Wahl der norm. Umtriebslänge hängt zunächst von der gewählten Holz- und Betriebsart und von der Standortsgüte ab, hat jedoch mit den zeitlichen Nutzungansprüchen der Waldbesitzer wenig oder nichts zu schaffen. Wer vermöchte genügende Gründe dafür aufzubringen, warum in einer Betriebsklasse, je nachdem diese zufällig als Hoch- oder als Niederwald bewirthschaftet wird, im letztern Falle die Vorr.-Ausgleichung in vielmal kürzerer Zeit bewirkt werden müsse, als im anderen Falle? Wirklich erscheint jener Zeitraum bald zu hoch, bald zu niedrig gegriffen.

Meist für viel zu hoch gesetzt halten wir ihn in der Regel bei einem vorhandenen Vorr.-Ueberschusse, weil ein solcher ein **todtes** Kapital bildet, es mithin ganz im Interesse des Waldbesitzers liegt, diesen Schatz so schleunig, als es die gebotene Absatzgelegenheit nur gestattet und es ohne bedeutende Störung der vortheilhaften Altersklassen nur geschehen kann, zu heben und anderweitig rentbar zu machen. Wollte man dagegen, wie die Meisten verlangen, den Bezug eines solchen Ueberschusses durch einen ganzen Umtrieb hin verschleifen, so würde dadurch dem Waldbesitzer bei weitem der gröste Theil des in jenem Falle gewährten Vortheils entzogen werden; jener verlöre nämlich den ganzen Kapitalwerth des Ueberschusses, und erhielte nur einen Theil der Zinsen des Kapitalwerthes und selbst diesen blos für die Dauer der angenommenen Ausgleichungzeit, von da an aber nichts mehr. Der Grund davon ist darin zu suchen, daß ein Vorr.-Ueberschus, so lang er im Walde steckt, nicht einmal einfache, sondern gar keine Zinsen bringt, während das aus ihm erlöste Geldkapital eine Zunahme durch Doppelzinsen zuläßt, seine Vermehrung daher nach geometrischer Progression vorschreitet. (M. sh. auch § 21. I).

Dieses Sachverhältnis haben wir schon im 2. Hefte uns. Beitr. z. Fstw. S. 171 ff. hervorgehoben und näher erörtert; sicher verdient es die höchste Beachtung! — Man wird uns nicht einwenden wollen, daß — da ein in gesundem Holze stockender Vorr. Ueberschus ja immerhin noch zuwachse und leicht so gut, wie alles übrige Holz — derselbe darum auch nicht unbedingt als todtes Kapital betrachtet werden könne. Ein solcher Einwurf würde unbeachtet lassen, daß der Vorr. Ueberschus keine nothwendige Bedingung des an ihm sich weiter anlegenden Zuwachses seie, daß dieser Zuwachs eben so gut an dem jungen Holze erfolgt, welches auf den gröseren Abtriebsflächen, die der Bezug jenes V. Ueberschusses veranlaßt, nachgezogen wird. Wenn auch dieses junge Holz anfangs jährlich weniger zuwächst, als das ältere, welches zur Ernte des V. Ueberschusses eingeschlagen werden mußte, vor dem Anhiebe noch jährlich zugewachsen hat, so ist das ohne alle Bedeutung, weil hier nicht der laufend-jährliche, sondern der (auf das künftige Abtriebsalter der Bestände bezogene) durchschnittl. jährliche Zuwachs entscheidet, und jene Zuwachsdifferenz sich später wieder von selbst ausgleicht. Sonst müßte man ja alle Bestände das vortheilhafteste Haubarkeitalter weit überschreiten lassen, weil selbst abständige geschlossene Bestände oft noch einen gröseren laufend-jährl. Zuwachs geniesen, als das nachgezogene junge Holz in seinen ersten Lebensjahren! (M. s. auch unten lit. e).

Zur Ergänzung eines Vorr. Defekts kann dagegen ein der Umtriebslänge gleichgesetzter Ausgleichung-Zeitraum oft zu niedrig sein. Wie oben bemerkt, wird die Vorr. Ergänzung nur dadurch möglich, daß man die jährl. Nutzungen unter den Betrag des Kl.-Durchschnittzuwachses erniedrigt, damit am bleibenden Vorrathe mehr zuwächst, als die jährl. Fällung davon hinwegnimmt. Der Waldbesitzer muß daher seinen Etat einschränken und um so mehr, je gröser das Vorr. Manko ist und in je kürzerer Zeit es ersetzt werden soll. Warum sollte nun aber ein Waldbesitzer, je nachdem er Nieder- oder Hochwaldwirthschaft treibt, ein und dasselbe Manko im 1ten Fall vielmal früher ausgleichen, als im 2ten Falle? Warum wieder bei Hochwald und 60jähr. Umtriebe in der Hälfte der Zeit, als bei 120jähr. Umtriebe? Vergebens sucht man nach triftigen Gründen für eine solche Regel. Häufig verlangen sogar besondere Waldzustände, ein vorhandenes Vorr. Manko durch Ueberhiebe noch weiter zu vermindern, wie wir im § 11. 2 S. 31 nachweisen werden.

Aus Vorstehendem erhellt, wie sehr empfindlich die zeitlichen Nutzung-Ansprüche der Waldbesitzer durch die Wahl des Ausgleichungzeitraums für die Ausgleichung eines abnormen Vorraths beeinträchtigt werden müssen, wenn man bei dieser Wahl die bestehende grose Verschiedenheit der persönlichen Verhältnisse der Waldeigenthümer nicht gehörig berücksichtigt und gar für sie Alle einen und denselben Zeitraum vorschreiben will.

β. Eine solche Verletzung ihrer Interessen kann aber auch bei Feststellung einer an sich ganz angemessenen Ausgleichungzeit weiter eintreten: durch die Art und Weise, wie die Ausgleichung innerhalb des gewählten Zeitraums bestimmt wird. In dieser Vertheilungsweise beruht zunächst die Verschiedenheit derjenigen Regel.-Methoden, welche dafür eine allgemeine Formel vorschreiben, wie wir in der Folge sehen werden. Nach ihnen sollen die jährl. Unter- und Uebernutzungen unter oder über dem laufenden Klassenzuwachs bei vorhandenem Manko oder Ueberschus an Vorrath eine bald fallende bald steigende, mehr oder weniger regelmäßige Reihe bilden, ohne daß man die innere Nothwendigkeit oder nur die Zweckmäßigkeit dieser Nutzungordnung abzusehen vermöchte, während eine Ausgleichung nach gleichen jährlichen Raten innerhalb des gewählten Zeitraums doch dem Prinzipe des strengsten Nachhaltbetriebs im Allgemeinen weit mehr zusagen würde. Doch kann die Eigenthümlichkeit sowohl der Vermögensverhältnisse der Waldbesitzer, als auch der inneren Waldzustände eine andere Vertheilungnorm oftmal vortheilhafter erscheinen lassen.

e. Endlich übt auch die Art der Veranschlagung des jährlichen Zuwachses, so wie der beiden Vorräthe bei abnorm beschaffenen Betr. Klassen auf den zeitlichen Gang und Betrag der regelmäßigen Nutzbeträge bedeutenden Einflus aus. Wie wir schon oben § 6. 3. und § 7. 1. bemerkt haben, darf hier nur der auf das künftige muthmaasliche Abtriebsalter bezogene, durchschn. jährliche Zuwachs in Rechnung kommen, und daher auch der Materialgehalt der Einzelbestände nur angesprochen werden nach dem Produkte aus ihrem wirklichen Alter in jenen Abtriebs-Durchschnittszuwachs. Bringt man aber, wie die grösere Mehrzahl der Schriftsteller diktirt, den laufendjährlichen Kl.-Zuwachs oder auch die Summe derjenigen Durchschnittzuwachse in Ansatz, welche bei Zugrundlegung der gegenwärtigen Massegehalte und Alter der Einzelbestände sich berechnen, und veranschlagt man somit auch den Materialvorrath nach Ertragstafeln, so erhält man — je nachdem zufällig in einer Hochwaldung die Bestände über oder unter dem Mannbarkeitalter vorwiegen — verhältnismäßig bald zu hohe, bald zu niedere Ergebnisse, welche auf die Gröse des zeitlichen Etats nachtheilig rückwirken, überdieß die wünschenswerthe Stetigkeit desselben fortwährend alteriren, eine unausgesetzte Berichtigung der wechselnden Grundlagen erheischen, daher die Fortführung des Regelunggeschäfts ausnehmend erschweren und in der Gegenwart eine Vorausbestimmung des Wirthschaftgangs auf längere Zeiträume hinaus fast unmöglich machen.

Die bisherigen Betrachtungen beziehen sich auf die regelmäsigen Nutzunganspürche der Waldbesitzer und Konsumenten, wie sich solche ohne nähere Rücksicht auf die Eigenthümlichkeit der Vermögensverhältnisse der Waldbesitzer, auf ausergewöhnliche Waldzustände und auf besondere unvorhergesehene Zufälle gestalten. Es bleiben uns noch kurz zu berühren

2. Die auserordentlichen Nutzunganspürche, welche durch gegenwärtigen oder späteren Nothstand ꝛc der Waldeigenthümer oder Konsumenten hervorgerufen werden und welche — freilich innerhalb gewisser Gränzen, die theils das eigene wohlverstandene Interesse der W. Besitzer, theils auch für gewisse Waldbesitzstände die Forstpolizei bestimmt — bei der Ertrags-Regelung beachtet werden müssen, wenn nicht der Hauptzweck der Wälder der blosen Vorliebe für die eine oder die andere einseitige Reg. Methode geopfert werden soll. Die unendliche Ungleichheit in den Vermögensverhältnissen und Bedürfnissen der Waldbesitzer, vornweg aus der Klasse der Privaten, erzeugt nothwendig eine nicht minder grose Verschiedenheit in den zeitlichen Waldnutzung-Ansprüchen derselben theils von vorn herein, theils späterhin. Wenn die Noth drängt und keine anderen Quellen des Einkommens Aushilfe bieten, da muß, in so weit die Gerechtsamen Dritter solche Vorgriffe nicht verbieten, dem Waldbesitzer gestattet sein, seine Rettung in stärkeren Nutzungen seiner Waldung zu suchen, sollte dadurch auch der Eintrit des Waldnormalzustands mehr oder weniger verzögert werden. Die Wälder sind um der Menschen, und nicht des Normalzustands willen da! Selbst die Benutzung einer momentanen Gelegenheit zu einem besonders lukrativen Holzabsatze durch Uebergriffe über den regelmäsigen Nutzbetrag hin darf man dem W. Besitzer nicht verwehren. Und ebenso wenig wird man in Frage stellen wollen, ob dringende Nothholzanforderungen von

Seiten der Holzkonsumenten Beachtung finden dürfen. — Auf weitere zeitweisen Uebernutzungen, zu welchen besondere Waldzustände Veranlassung geben, kommen wir im § 11. 2 zurück.

§ 11.

C. Forstwirthschaftliche Rücksichten.

Hierher zählen wir vorzugweise diejenigen forstwirthschaftlichen Maasregeln, welche theils auf den Naturalbetrag, theils auf das Werthverhältnis des Holzzuwachses in dem zu regelnden Walde, und somit zugleich auf die Quantität und Qualität des Nachhaltetats influiren und deshalb auch die Nutzunganspruche der Waldbesitzer mittelbar tangiren.

Diese Maasregeln sind theils allgemeine, theils besondere. — Zu jenen gehören die beliebige Auswahl der einträglichsten Holz- und Betriebsarten, Umtriebszeiten und Waldbehandlungweisen. — Die besonderen Maasregeln werden durch starke Abnormitäten in der Waldbeschaffenheit, insbes. in den Bestockungverhältnissen herbeigeführt.

Die Anleitung zur zweckmäsigen praktischen Behandlung dieser verschiedenen wirthschaftl. Vorkehrungen gehört nun zwar in andere Zweige der allgem. W. Wirthschaftlehre, wie in den Waldbau, die Statik ꝛc — und nicht in die W. E. R. Lehre, wiewohl sie von manchen Schriftstellern in letzte verwiesen wurde. Dagegen darf und muß man von jeder W. E. R. Methode verlangen, daß sie die für diese Materien für nützlich erkannten Vorschriften auch gehörig berücksichtige, nicht aber etwa gar deren Ausführung verhindere. Nur zu häufig ist man jedoch geneigt, die W. E. R. Lehre gar nicht als einen integrirenden Theil der allgem. W. Wirthschaftlehre anzusehen, sondern gleichsam als ein ganz abgesondertes und selbstständiges Fach, welches den übrigen Fachzweigen nicht koordinirt, sondern präordinirt seie und diese rücksichtlos beherrschen dürfe. Diese Ansicht können wir nur für eine sachlich sehr gefährliche halten, haben solche schon früher (W. E. R. § 104) bekämpft und verlangt, daß der in Rede stehende Fachzweig keineswegs als Zwingherr, sondern lediglich als Gehilfe, Rathgeber und Stütze des gesammten Wirthschaftbetriebs auftreten solle. In solcher Stellung dient er — weit entfernt, die nothwendige Betriebsfreiheit in schädlicher Weise zu beengen und zu fesseln — ihr vielmehr als Leitstern und Führer, indem er über die Zweck- oder Unzweckmäßigkeit der Betriebsmaasregeln besser, mitunter ganz allein, aufklären hilft. So bemißt z. B. die Waldbaulehre ihre Vorschriften mehr nach den gerade vorliegenden Waldzuständen und es kann sich daher nicht fehlen, daß gar manche Maasregel, welche in der Gegenwart als ganz zweckgemäs erscheint, dennoch als unvortheilhaft, sogar schädlich sich erweist, wenn man die künftige Gestaltung der Bestockung-Verhältnisse ins Auge faßt. Diesen wahrscheinlichen künftigen Waldzustand lehrt nun aber nur die W. E. Regelung genauer kennen, indem sie durch Vorausbestimmung der Hiebs- und Kulturfolge für weitere Zeiträume hinaus eine anschauliche Uebersicht der fortschreitenden Bildung der Schläge nach Form, Gröse, Verbindung, Altersstufen ꝛc. liefert, so der Gegenwart den Spiegel der künftigen Waldgeschichte vorhält und sie in diesem Bilde die Folgen ihrer Wirksamkeit erblicken läßt (§ 12. 3. D). Zugleich trägt jene dadurch, daß sie die genauere Erforschung des bestehenden Unterschiedes zwischen der wirklichen und möglichen Ertragsfähigkeit des Waldes zu einer ihrer Hauptaufgaben macht, nicht wenig dazu bei, auch von dieser Seite her dem Wirthschaftbetriebe einen höheren Aufschwung zu verleihen.

Offenbar würde es sehr weit abführen, wenn wir die forstwirthschaftlichen Rücksichten, welche eine gute W. E. R. Theorie nicht vernachlässigen darf, vollständig hier erörtern wollten. Wir glauben uns deshalb nur mit einigen beispielweisen Andeutungen begnügen zu dürfen und nehmen diese vorerst

1. aus dem allgemeinen oder generellen Theile.

Von den verschiedenen Betriebsarten besitzt jede ihre eigenthümlichen Vorzüge in einzelen Fällen. Deshalb muß auch eine rationelle W. E. Regelung-Theorie jeder Betriebsmethode sich anschliesen. Dieß ist nun aber keineswegs der Fall. Die Mehrzahl der R. Methoden beschränkt sich ausdrücklich nur auf den schlagweisen Hochwaldbetrieb. Den Femelbetrieb wissen nur wenige zu behandeln; der Mittel- und Niederwaldbetrieb ꝛc. wird fast allgemein dem Flächenfachwerke überwiesen, obschon dieses seine Aufgabe nicht zum besten löset. Diejenigen R. Methoden, welche zugleich den Mittelwald umfassen, fehlen wieder darin, daß sie eine Trennung des Etats nach Ober- und Unterholz unterlassen und dabei übersehen, daß diese Unterlassung bei ungleichmäsiger Vertheilung des Oberholzes über die Schlagflächen hin zu fehlerhaften Resultaten führen muß, weil das Oberholz nur gleichzeitig mit dem dazu gehörigen Unterholz sich ernten läßt, und nicht früher oder später, wenn die Nachzucht nicht gefährdet werden soll.

Ebenso muß die Reg. Methode jeder Waldbehandlungweise sich anschmiegen und darf diese nicht nach ihren Grundsätzen modeln wollen, wie das z. B. manche Fachwerker beabsichtigen, indem sie verlangen, daß die natürliche Verjüngung-Dauer beim Femelschlagbetriebe die festgesetzte Periodenlänge nicht überschreiten dürfe, damit der einer Periode zugetheilte Oberstand auch gerade innerhalb der Periode ganz zur Nutzung gelange. So wirken auch diejenigen Methoden, welche bei der Feststellung des Nachhaltetats den Vornutzungen ganz dieselbe Bedeutung beigemessen haben wollen, wie den Abtriebsnutzungen, meist störend auf den vortheilhaften Betrieb der Durchforstungen ein, auserdem auch auf die Erzielung des W. Normalzustands, wir in § 12. 2. C ersehen werden.

Die Einhaltung der angenommenen vortheilhaftesten Haubarkeitalter ist wesentliches Erfordernis der lukrativsten Nutzbarkeit eines Waldes. Doch wird das Bestehen vieler abweichender U. Zeiten (hervorgerufen durch Verschiedenheit der Holzarten und Standortsgüten) wieder recht lästig und schädlich; — lästig: weil die dadurch veranlaßte Vervielfältigung der Betr. Klassen und Schläge die Führung und Uebersicht der Wirthschaft erschwert; — nachtheilig: weil hierunter die vortheilhafte Gröse, Form und Verbindung der Schläge leidet, zumal in Wäldern von mäsiger Ausdehnung oder wenn die verschiedenen Umtriebe in bunter Folge auf kleinen Flächen abwechseln. — Es ist Sache einer guten W. E. Regelung, diese Mißstände und ihre Folgen zu veranschaulichen und auf ihre Abstellung hinzuwirken, nämlich das schädliche Uebermaas abweichender norm. U. Zeiten durch die Wahl anderer Holzarten oder zweckmäsiger Bestandsmischungen zu beseitigen *). — Es ist weiter die Aufgabe der W. E. Regelung, dahin zu streben, daß in noch abnormen Klassen der Anhieb der Einzelbestände nicht ohne Noth weit über oder unter den norm. Haubarkeitaltern eintrete und daß letzte auch für die Folge möglichst eingehalten werden können.

2. Die besonderen Wirthschaftsmaasregeln, zu welchen eigenthümliche Bestockung-Verhältnisse Veranlassung geben, sind von einer rationellen W. E. Regelung nicht minder zu berücksichtigen und zu unterstützen.

Vor allen verdienen hier Erwähnung die Vorkehrungen zur Abwendung eines beträchtlichen Zuwachs-Ausfalls, mag dieser schon in der Gegenwart bestehen oder erst in der Zukunft drohen. Jener Fall trit ein bei vorhandenen Blösen, lückigen, kranken und überhaupt unvollkommenen Beständen; — der zweite Fall, wenn zwar jetzt noch gesunde und vollwüchsige Bestände

*) M. sh. uns. Beitr. z. Fstw., Heft 2. S. 42 ff.

in Folge der ordnungmäsigen Hiebsfolge späterhin überständig und rückgängig werden würden. Jeder Zuwachsausfall ist ein unersetzbarer Verlust, welcher zugleich früher oder später die Etatsgröse nothwendig um gleich viel schmälern muß. Deshalb ist es eine der wichtigsten Obliegenheiten der W. E. Regelung, das Verhältnis zwischen dem wirklichen und normalen Waldzuwachse nicht blos für die Gegenwart, sondern auch für die Folgezeit möglichst gründlich zu erforschen, eine schon vorhandene beträchtliche Zuwachsdifferenz baldigst auszugleichen und eine erst später drohende abzuwenden. Gründet nun ein gegenwärtiges Zuwachs-Manko in älteren mangelhaften Beständen, denen durch künstliche Nachbesserung nicht mehr aufzuhelfen wäre, so wird ein rascherer Betrieb ihrer Abholzung und Wiederverjüngung nöthig und dieselbe auch dann unerläßlich, wenn beim Fortbezuge des sonst regelmäsigen Etats einzele Bestände zur Ueberständigkeit gelangen würden. In beiden Fällen zieht die Anwendung dieser Maasregel eine zeitweise Erhöhung des Etats und oftmal eine Verminderung des norm. Vorrathbetrags nach sich. Diese Lücke läßt sich aber auch später, wenn erst der volle Zuwachs hergestellt ist, um so leichter wieder ausfüllen.

Dergleichen periodische Ueberhiebe werden noch durch andere Waldzustände geboten, z. B. wenn ein gröserer als der normale Theil des Holzvorraths im Oberholze ausgedehnter Licht- und Abtriebsschläge stockt, wo solches dem Einwuchse droht, oder in abgängigen Ueberständern in Stangenhölzern, oder in Niederwaldbeständen, welche an der Gränze der Ausschlagfähigkeit stehen, ꝛc.

Dagegen kann wieder der Mangel an haubarem Holze den zeitweisen Uebergang in eine andere Betriebsart — z. B. in einem Hochwalde die provisorische Einrichtung des Niedersamenholzbetriebs *) oder des Hartigschen Hochwaldkonservationbetriebs — nöthig erscheinen lassen, wozu eine vernünftige W. E.

*) M. sh. uns. Anleit. z. forststat. Unters., Giesen 1846 S. 143.

Regelung ebenso gut die Hand bieten muß, wie in den Fällen, wenn eine bestehende Betriebsart in eine andere bleibend übergeführt werden soll — z. B. ein Niederwald durch den Mittelwald in den Hochwaldbetrieb.

§ 12.

D. Herstellung des Waldnormalzustands für den strengsten Nachhaltbetrieb.

Dahin muß das Streben der Wirthschaft stets gerichtet sein, weil der W. Normalzustand die Möglichkeit einer höchsten Nutzbarkeit des Waldes bei jenem Betriebe bedingt. Jener ist aber nur das Endziel der Wirthschaft und nicht deren nächster Zweck, als welcher vielmehr die vortheilhafteste Benutzung des Waldes im zeitlichen Interesse des W. Besitzers sich darstellt, daher blos ein — wiewohl allerdings sehr wichtiges! — Mittel für diesen Zweck, wie wir schon § 10 S. 16 bemerkt haben *).

So nöthig es nun auch erscheint, dieses Ziel fortwährend im Auge zu behalten, so wünschenswerth es immerhin bleibt, dasselbe baldig zu erreichen, eben so unverantwortlich würde es sein, wenn man es um jeden Preis erkaufen, wenn man ihm nämlich die zeitlichen Nutzunganspräche der W. Besitzer und Konsumenten, so wie die übrigen forstwirthschaftl. Rücksichten unbedingt unterordnen und nachsetzen wollte, wie das zwar alle R. Methoden verlangen.

Dagegen darf man wohl an jede R. Methode die höchst bescheidene Forderung stellen, daß sie in ihrer Grundsätzlichkeit die Mittel und Wege darbiete, welche unerläßlich sind, um einen noch fehlenden W. Normalzustand überhaupt nur einleiten zu können; jede Methode, welche diesem niedrigsten der An-

*) M. sh. auch uns. Beitr. z. Fstw. Heft 2. S. 183 f.

sprüche nicht zu entsprechen vermöchte, würde sich selbst den Stab brechen.

Allein mit dem blosen Vorhandensein jener Mittel und Wege ist unseren gerechten Forderungen noch keineswegs genügt. Es kommt dabei noch sehr viel auf die Qualität dieser Mittel oder darauf an, wie und wann sie den W. Normalzustand erzielen. Bei der Würdigung der Grundsätzlichkeit einer Methode in vorliegender Beziehung haben wir uns daher von der Beantwortung folgender 3 Fragen leiten zu lassen:

1. Kennt und beachtet die Methode die Faktoren des W. Normalzustands für den strengsten Nachhaltbetrieb?

Als diese Grundbedingungen haben wir in §§ 3 bis 6 kennen gelernt:

A. daß die Waldung — nach Verschiedenheit der angenommenen U. Zeiten, der Betriebsarten, der Hauptholzarten (bei reinen Beständen), auch wohl nach Maasgabe gewisser auf einzelen Waldtheilen lastender Servituten — in Betriebsklassen abgetheilt seie, und daß wieder

B. jede dieser Klassen norm. Zuwachs und norm. Holzalterstufenfolge (sammt Schlagreihe beim schlagweisen Betriebe) und damit auch den aus vorstehenden Prämissen resultirenden norm. Materialvorrath besitze.

Die Nothwendigkeit einer solchen Klassen-Einrichtung wird nun aber fast ganz allgemein verkannt. Die Meisten verlangen zwei Klassen — Eine für Hochwald und Eine für Niederwald sammt Mittelwald; und nicht Wenige halten selbst diese Sonderung für überflüssig. Sie übersehen, daß bei solcher Versäumnis das Streben nach dem W. Normalzustand für immer verfehlt bleiben müsse. Und trotzdem ist gerade auf dieses Ziel ihre Thätigkeit zunächst, ja fast ausschlieslich gerichtet; um seinetwillen bürden sie dem W. Besitzer die grösten Opfer auf, wie wir das in der Folge sehen werden.

Auch um das bestehende Verhältnis zwischen wirklichem und normalem Zuwachs und Vorrath kümmern sich die wenigsten Methoden direkt. Die Ausgleichung eines Zuwachs-Ausfalls, ohne dessen Gröse genauer zu erforschen, erwartet man getrost gerade von einem ersten Umtriebe und der in diesem allmählich erfolgenden Wiederverjüngung der abnormen Bestände; die Bedeutung der norm. Vorrathsgröse für die Einhaltung der norm. U. Zeit, für die Einleitung des vollen Normalzustands, und den Fortbezug des Normaletats ist vielen Methoden ganz unbekannt.

2. **Vermag die R. Methode den Zeitpunkt des wahrscheinlichen Eintritts des vollen Kl. Normalzustands vorauszubestimmen? Und wie normirt sie die Entfernung dieses Zeitpunkts?**

Offenbar genügt es nicht, daß eine R. Methode ihrer Grundsätzlichkeit nach die Bedingungen des W. Normalzustands beachte und die Möglichkeit biete, diesen Zustand dereinst herstellen zu können; es ist noch weiter nöthig, daß sie der Gegenwart zugleich die Mittel an Handen gebe, um den wahrscheinlichen Eintrit jenes Zeitpunkts vorauszubestimmen. Ohne dieß würde wohl jeder W. Besitzer gerechtes Bedenken tragen, seine Waldung einer Operation zu unterwerfen, welche ihm nicht selten grose Opfer aufbürdet, ihn aber darüber in Ungewißheit läßt, wie lange diese Opfer dauern sollen und von wann an der mit ihnen erkaufte bessere W. Zustand dafür Entschädigung gewähren werde. Dieser billigen Forderung wird er um so weniger entsagen, als er in ihrer Erfüllung zugleich einen Prüfstein der für jenen Zweck angewandten Mittel gewinnt, so wie den nöthigen Schutz gegen eine willkührliche, nachlässige oder unredliche technische Wirthschaftführung (§ 13. 2); er wird sich nicht von dem verbrauchten, nichtigen Einwand bestechen lassen : daß dergleichen Vorausbestimmungen für längere Zeiträume hin darum nutzlos seien, weil jene durch mancherlei unvorhersehbare störende Einflüsse leicht alterirt werden könnten und daß es deshalb schon zureiche, seine Maasregeln lediglich den Ansprüchen der Gegenwart und allernächsten Folgezeit anzupassen.

Von noch viel gröserer Bedeutung sind aber die Regeln, nach welchen die R. Methode die Länge jenes Zeitraums bestimmt wissen will. Gewiß liegt es sehr nahe, daß bei der Wahl dieses Zeitmaases nur zunächst theils die zeitlichen Nutzungansprüche der W. Besitzer und Konsumenten, theils der innere Zustand der zu regelnden Waldung den Ausschlag geben können, und daß es bei der unendlichen Verschiedenheit dieser entscheidenden Verhältnisse ganz und gar verwerflich erscheinen würde, wenn man ohne Rücksicht auf letzte entweder jenen Zeitraum ganz allgemein festsetzen oder ihn aber dem Zufall anheim geben wollte. Und doch ist beides bei vielen Methoden der Fall. Einige von ihnen wollen den N. Zustand gerade innerhalb einer ersten U. Zeit, mag diese zufällig lang oder kurz sein, herbeigeführt wissen, während andere es wieder der Konstruktion einer Reg. Formel überlassen, dasselbe Resultat über kurz oder lang zu erzielen.

3. Auf welchen Wegen vermittelt die R. Methode den noch fehlenden W. Normalzustand?

Dieser Wege giebt es mehre, von ungleicher Länge und Zweckmäsigkeit. Die Auswahl desjenigen, welcher den obigen Rücksichten am besten entspricht, muß die R. Methode gestatten. Hierbei kommen in Frage die Maasregeln:

A. bei der Bildung der Betriebsklassen. Die in § 11. 1 S. 30 erwähnten Mittel zur Reduktion der lästigen und schädlichen gröseren Menge von Klassen auf die absolut nothwendige Zahl wurden bisher wenig oder gar nicht beachtet.

B. Bei Beseitigung eines abnormen Zuwachses. — Wir beziehen deshalb auf das § 11. 2 S. 30 f. Angegebene. Dabei ist die Berechnungweise des wirklichen Zuwachses keineswegs gleichgiltig. Wie schon § 4. 3. B. S. 5 bemerkt, liefert nur der auf das künftige Haubarkeitalter der Einzelbestände bezogene durchschnittlich-jährliche Zuwachs den richtigen Leitfaden für die Ausgleichung, nicht aber der auf die Grundlage der gegenwärtigen Bestandsalter ermittelte Durchschnittzuwachs, und noch weniger der laufend-jährliche, obschon die Mehrzahl der Methoden diese letzten beiden Zuwachse in Ansatz bringen.

C. Bei der Herstellung der normalen Klassenvorräthe und der norm. Bestandsalter- und Schlagreihen. — Zu diesen Erfordernissen des W. Normalzustands führen zwei wesenlich verschiedene Wege.

a. Der Eine von ihnen geht direkt auf die Beschaffung der norm. Schlag- und Altersfolge, ohne besondere Rücksicht auf den N. Vorrath, welcher übrigens mit jenem Ziele zugleich erstrebt wäre. Diesen Weg schlägt das Flächenfachwerk (§ 18) ein, zum Nachtheil der zeitlichen Nutzungansprüche der W. Besitzer.

b. Der andere Weg bezielt zunächst die Beschaffung des norm. Vorrathbetrags; ist letzter erst (mit vollem Zuwachse) vorhanden, so stellt sich beim Fortbezuge des norm. Etats die norm. Schlag- und Alterreihe ganz von selbst her (§ 15 I. 1 S. 48). Diese Vermittelung des vollen Kl. Normalzustands durch den N. Vorrath führt zwar mitunter etwas später zum Ziele, dagegen mit viel geringeren Opfern für die W. Besitzer und empfiehlt sich in der Regel deshalb weit mehr, als jener Weg unter a.

c. Ueber die zu nehmenden Rücksichten bei Bestimmung der Zeitdauer und des Ganges der V. Ausgleichung haben wir uns schon in § 10. 1. B. d. S. 22 ausgesprochen. Doch influiren noch weiter — einmal: die Art und Weise, wie man beide Vorräthe veranschlagt; — sodann: die Art des Verhältnisses, in welches man beide Vorräthe zu einander versetzt.

Bei der Veranschlagung der Vorräthe sollte man nur wieder den auf das künftige Haubarkeitalter bezogenen Durchschnittzuwachs zu Grund legen, nicht aber den wirklichen Holzgehalt der Einzelbestände nach Ertragstafeln berechnen (§ 10. 1. B. e. S. 25).

Das zwischen beiden Vorräthen bestehende Verhältnis ist ein arithmetisches und kein geometrisches, wie Manche annehmen. Es handelt sich nämlich blos um die Ausgleichung der Differenz zwischen dem normalen und wirklichen Vorrath einer Betriebsklasse.

d. Auserdem ist auch die Behandlungweise der Vornutzungen nicht ohne Einflus sowohl auf diesen Ausgleichunggang, als auch auf die Erhaltung eines bereits erstrebten W. Normalzustands. Bei der Aufnahme beider Vorräthe kommen die Vornutzungen nicht in Rechnung (§ 6. 1) und man sollte ihnen deshalb auch weder bei der Vorr. Ausgleichung, noch bei der Normirung des Abtriebs-Nachhaltetats einen entscheidenden Einflus einräumen, sondern sie für sich behandeln und nur nachträglich dem Abtriebsetat beischlagen, um den Gesammtetat in Summe zu erfahren; wobei jedoch nicht ausgeschlossen ist, daß man in auserordentlichen Fällen und namentlich dann, wenn der Abtriebsetat nur aus weit unter dem vortheilhaftesten Haubarkeitalter stehenden Beständen bezogen werden müßte, den gleichzeitigen Zugang an Zwischennutzungen in Mitbetracht nimmt, nämlich erwägt, in wie weit der Zufall an Durchforstungmasse hinreiche, einen Theil des Abtriebsetats zu decken und somit den Anhieb der unreifen Bestände zu beschränken. Eine solche Behandlung der Zwischennutzung-Erträge verlangen auch nicht wenige Schriftsteller, wogegen Andere begehren, daß bei der Regelung des Nachhaltetats den Vornutzungen allgemein ganz gleiche Bedeutung eingeräumt werden solle, wie den Abtriebserträgen und daß man daher den Nachhaltetat stets nur aus beiden Nutzungen zugleich bestimmen solle. Die Befolgung dieser Vorschrift erschwert nun aber das Regelunggeschäft selbst nicht wenig — (schon weil die an sich sehr unsicheren und wandelbaren Vornutzung-Erträge für lange Zeiträume hin genau voraus ermittelt werden müßten) —

und gefährdet zugleich die Erzielung und Festhaltung des Waldnormalzustands. Der letzte Nachtheil ergiebt sich schon aus folgendem einfachen Beispiele. Man denke sich 2 völlig gleiche und schon ganz normal bestandene Klassen I und II, welche nur darin von einander abwichen, daß I durch alle Bestandsstufen hin rein ausgeforstet wäre, daher in der ersten Zeit keine Vornutzungen abwerfen könnte, wogegen II noch niemal durchforstet worden, daher mit unterdrücktem Holze angefüllt wäre. Wollte man nun, unter Zuziehung der Vornutzungen, für I und II einen gleich grosen Nachhaltetat bilden, so würde hier wie dort der schon vorhandene W. Normalzustand wieder aufgehoben werden; — in I, weil mit Hinsicht auf die späteren Zugänge an Vornutzungen, die Abtriebsnutzung in der ersten Zeit weiter ausgedehnt, darum in die nächst haubaren Bestände vorgegriffen werden müßte; — dagegen in II der umgekehrte Fall einträte, indem der gegenwärtige Ueberschus an Durchforstungmasse eine noch weit beträchtlichere Einschränkung der norm. Abtriebsnutzungen, somit eine Verminderung der norm. Schlagflächen, in der ersten Zeit nach sich ziehen würde. Die hierdurch bewirkten Störungen der norm. Bestandsalter und Schlagflächen würden in beiden Fällen bis zum folgenden Umtriebe hin andauern.

D. Die Regelungmethode muß im Stande sein und es sich zur Aufgabe machen, den zeitlichen Verlauf der stufenweisen Annäherung eines abnormen Walds zum vollen Normalzustand der Gegenwart vorzuführen, nämlich gleich von vorn herein auf der Waldkarte nachzuweisen, welchen Gang die Hiebs- und Kultur-Folge von Stufe zu Stufe (Periode zu Periode, oder Jahr zu Jahr) bis zum Eintrit des N. Zustands einhalten, und wie sich auf jeder Stufe der Uebergangszeit das summarische Waldbestockungverhältnis — nach Bestands-Altern und Flächen — gestalten werde. Dieser chronologische Nachweis ist dem W. Besitzer ganz unentbehrlich; — theils als Prüfstein des Regelungverfahrens selbst; — theils zur Kontrole und Sicherung der künftigen Wirthschaftführung (§ 13. 2). Allein nicht wenige R. Methoden beachten ihn gar nicht und vermögen ihn entweder nicht zu erbringen oder doch nur mit ebenso groser Schwierigkeit als Unsicherheit.

§ 13.

E. Sicherung und weitere Vervollständigung einer W. E. Regelung.

Mit dem ersten Entwurfe einer W. E. Regelung — mag dieser auch auf noch so guten Grundlagen beruhen und mit noch so groser Umsicht angelegt sein — ist der Regelungzweck noch lange nicht erfüllt, vielmehr mit aller Wahrscheinlichkeit zu erwarten, daß bei der nachfolgenden Ausführung mannigfache Abweichungen von den anfänglichen Voraussetzungen und Bestimmungen eintreten und somit auch die vorgesehenen Ertragsergebnisse Aenderungen erleiden werden. Diese Abweichungen von den ursprünglichen Voranschlägen werden veranlaßt theils durch unterlaufene Irrungen und Mißgriffe von Seiten des Reglers, theils durch spätere erhöhte Nutzungansprüche der W. Besitzer und Holzkonsumenten, theils durch zufällige Störungen im Waldzustande; und auserdem können jene noch durch das ausführende Forstpersonal selbst verschuldet werden.

Daß bei dem jetzigen Stande unserer Wissenschaft der kenntnisreichste und umsichtigste Techniker in den Hauptgrundlagen einer W. E. Ordnung, bei welcher die Ergebnisse einer fernen Zukunft vorausbestimmt und schon in der Gegenwart in Mitbetracht gezogen werden müssen, leicht fehlen könne, wie bei der Wahl der vortheilhaftesten Holz-, Betriebs- und Waldbehandlung-Art, der U. Zeit, mithin auch in der Betriebsklassenbildung, in der Ermittlung der beiden Vorräthe und Zuwachse rc. — dieß Alles liegt eben so nahe, wie daß solche Irrungen und Mißgriffe die veranschlagten künftigen Nutzbeträge mehr oder weniger alteriren müßten, wenn man unterliese, dieselben noch nachträglich und frühe genug aufzuspüren, um ihren Folgen bei Zeiten vorbeugen oder sie doch auf längere Zeiträume hin ausgleichen zu können.

Mit demselben Rechte, womit der W. Besitzer bei der ersten Vornahme der W. E. Ordnung die Berücksichtigung seiner zeitlichen persönlichen Nutzunganspruche verlangt (§ 10), kann er auch späterhin fordern, daß er in dringenden Nothfällen seine Zuflucht zu seiner Waldung nehmen und die fehlenden Mittel in einem stärkeren Angriff seiner Holzbestände, über den geregelten Etat hin, suchen dürfe. In der Grundsätzlichkeit einer guten Reg. Methode muß die Möglichkeit einer solchen zeitweisen Aushilfe ebenso gut liegen, wie die zur Befriedigung unabweisbarer Nutzunganspruche von Seiten der Holzkonsumenten. Oder sollte etwa der Wiederaufbau einer eingeäscherten Ortschaft, der Neubau einer Eisenbahn ꝛc darum unterbleiben müssen, weil diese Holzabgaben bei der ersten W. E. Regelung nicht schon berücksichtigt waren und werden konnten?

Unvorhersehbare künftige Störungen in den W. Bestokkungverhältnissen werden nicht selten veranlaßt theils durch äusere Unfälle, wie durch Waldbrände, Sturmschäden, Schnee-, Duft- und Eisbrüche, Insektenfras, Frevel, ausbleibende oder fehlschlagende Besamungen ꝛc; — theils aber auch durch Handlungen des W. Besitzers, wie durch Veränderungen des Waldareals z. B. in Folge von Anrodung von Waldgrund zu Feld und Wiesen, oder von An- oder Verkauf oder Austausch ꝛc von Waldgelände, oder von einer anderen Organisation der Verwaltungbezirke, namentlich bei Staatswäldern, ꝛc.

Endlich kann auch die strenge Durchführung einer noch so gut angelegten E. Ordnung daran scheitern, daß das spätere Verwaltungpersonal die zweckmäsigen Anordnungen derselben unbefolgt läßt, seie es aus Unkenntnis des ihr zu Grund liegenden Regelungplanes oder aus Nachlässigkeit, Willkühr ꝛc.

Eine zweckmäsige R. Methode muß auf die Möglichkeit derartiger künftiger Abweichungen von den anfänglichen Bestimmungen und Unterstellungen schon im Voraus Bedacht nehmen und ihren Eintrit, in so weit das ohne sachlichen Nachtheil geschehen kann, zu verhindern oder aber die nachtheiligen Folgen daraus zu beschränken und den Forstbestand des Operats in seinen wesenlichen Grundlagen zu sichern suchen. Als Hauptmittel hierzu heben wir folgende aus:

1. Anlage und Unterhaltung einer Holzreserve. — Wir glauben die sehr verschiedenen Ansichten der Schriftsteller über Zweck, Nothwendigkeit, Gröse, Begründungweise, Benutzung und Wiederergänzung der Reserven hier übergehen und auf die desfallsigen Angaben in §§ 54 — 58 uns. W. E. Regelung Bezug nehmen zu dürfen. Wir haben da die allgemeine Nützlichkeit der Reserve, als eines Nothpfennigs im Forsthaushalte, nachgewiesen und gezeigt, daß dieselbe am zweckmäsigsten durch angemessene Erhöhung der norm. U. Zeiten einiger oder aller Betr. Klassen eines Walds und der dadurch bewirkten Erhöhung der N. Vorräthe, begründet würde und daß die Wiederergänzung einer angegriffenen Reserve eben so geschehen müsse, wie die Ausgleichung jedes anderen Vorraths-Defekts (§ 10. 1. B. c S. 21; § 15).

2. Vorausbestimmung der Hiebs- und Kultur-Folge für längere Zeiträume hin, insbes. bis zum möglichen Eintrit des Normalzustands, durch den sogen. generellen Wirthschaftplan, worin unter Hinweisung auf die Waldkarte der muthmaasliche Gang der Nutzungen, so wie der natürlichen und künstlichen Verjüngungen und Kulturen, von Periode zu Periode (bei Nieder- und Mittelwäldern mit kurzem Umtriebe auch wohl von Jahr zu Jahr) nach Material- und Flächenbetrag betriebsklassenweise so angegeben werden, daß man einen ununterbrochenen Ueberblick der künftigen Bestockungverhältnisse der Klasse bis zum Normalzustande hin gewinnt. Die Nothwendigkeit dieser Uebersichten wurde schon oben § 12. 3. D. S. 38 hervorgehoben; ihre Nützlichkeit bewährt sich auserdem beim Wechsel des Verwaltung-

personals in Folge von Versetzungen oder Todesfällen, indem sie dem neu eintretenden Verwalter zu einem raschen Ueberblick des seither eingehaltenen Wirthschaftgangs und zu einem Leitfaden für seine künftige Wirksamkeit verhelfen und somit verhindern, daß das Begonnene nicht ohne Grund wieder aufgegeben werde. Diese Plane bilden darum eine sehr wesenliche Grundlage für einen nachhaltigen rationellen Wirthschaftbetrieb. Nur darf man an sie nicht die Bedingung knüpfen wollen, daß alle darin für noch so ferne Zeiten hin vorgesehenen Maasregeln nun auch unabänderlich eingehalten werden könnten und müßten, und daß künftighin als zweckmäßig und nothwendig erscheinende Abweichungen von ihnen nicht platzgreifen dürften (W. E. R. § 94. 1; § 95. 1.)

Man darf aber auch den Zweck und Nutzen dieser Plane nicht überschätzen, wie das von manchen Fachwerkern geschehen, welche dieselben als das Hauptmittel zur Ertragsregelung selbst betrachten und darum ihr Verfahren den anderen gegenüber so hoch stellen, dabei jedoch zweierlei übersehen — einmal: daß diese Plane nur die Bestimmung haben können, die Resultate einer vorgenommenen Ertragsregelung gedrängt und übersichtlicher darzustellen; — sodann: daß auch andere R. Methoden sich dieses Mittels bedienen können und bedient haben, ohne darum zu den Reg. Prinzipien der Fachwerke sich zu bekennen.

3. Fortlaufende Kontrole der angelegten Ertragsordnung zur Berichtigung der Grundlagen, zur Vervollkommnung und Sicherung des ganzen Werks. — Hierher zählen wir nicht nur eine fortgesetzte Vergleichung der wirklichen Nutzung- und Kultur-Ergebnisse mit den desfallsigen Voranschlägen, so wie sie eine geregelte Buchhaltung und sogen. Betriebsnachweisung liefern soll; sondern auch eine fortwährende Sichtung und Berichtigung derjenigen Prämissen und faktischen Waldverhältnisse, auf welche die W. E. Regelung sich zunächst stützt, wie die Bestimmung der einträglichsten Holz- und Betriebsarten und U. Zeiten, die Betr. Klassenbildung, insbes. aber auch die Kontrole der beiden Vorraths- und Zuwachs-Beträge. Die Mehrzahl der R. Methoden verlangt zwar dergleichen Revisionen, allein weder

in der vorbemerkten sachlichen Ausdehnung, noch auch in der ununterbrochenen Fortsetzung, sondern nur am Ende einer mehr oder minder langen Periode — und nicht sowohl zur Vervollkommnung des ersten Regelungentwurfs, als vielmehr zu dessen Sicherung gegen zufällige störende Einwirkungen von ausenher. Aller Erfahrung entgegen wird häufig unterstellt, der Taxator vermöge die mannigfachen Elemente der E. Ordnung sogleich auf ein ganzes Säkulum und weiter hinaus genau zu erheben und zu bemessen, weshalb die Sorgfalt des ausführenden Personals sich nur hauptsächlich darauf zu beschränken habe, die Folgen unvorhergesehener gewaltsamer äuserer Störungen auszugleichen und zu verwischen. Diese Voraussetzung ist jedoch eine ganz unrichtige und sachlich recht gefährliche (W. E. R. S. 239).

4. Wegen der unausbleiblichen späteren Abweichungen von den anfänglichen Voranschlägen verlangt der erste W. E. R. Entwurf zugleich eine solche Fassung und Einrichtung, daß die untergelaufenen Fehler leichter aufgefunden und gleich den zufälligen Störungen ohne beträchtlichen Aufwand an Mühe und Zeit berichtigt werden können.

II. Grundsätzlichkeit der W. E. Reg. Methoden im Verhältnis zu den Regelungzwecken.

§ 14.

1. Vorbemerkung.

Ehe wir zu dem Haupttheile unserer Aufgabe selbst übergehen, dünkt es uns — um Mißverständnissen zu begegnen — räthlich, Richtung und Umfang der von uns beabsichtigten Prüfung erst näher zu bestimmen.

Strenge genommen umfaßt der Begriff von „Grundsätzlichkeit“ einer R. Methode alle die von letzter ertheilten allgemeinen Vorschriften, welche mit der Aufgabe der W. E. Regelung in näherem Zusammenhange stehen und auf die zeitliche und räumliche Ordnung, Bemessung und Sicherung des Nachhaltetats direkt oder indirekt einwirken. Demnach würden auch hierher gehören die Bestimmungen über die Behandlungweise derjenigen praktischen Vorarbeiten, welche theils die Grundlage, theils das Material für die W. E. Regelung liefern sollen und letzter darum vorausgehen müssen, wie die Wahl der Holz- und Betriebsarten und Umtriebszeiten, die Wald-Vermessung und Bonitirung, die Erhebung der Bestands-Alter, Massen und Zuwachse ꝛc. Wir glauben jedoch die Behandlungart dieser Gegenstände bei unserer vorhabenden Prüfung übergehen zu dürfen — nicht sowohl darum, weil wir jene etwa für minder wichtig hielten, sondern vielmehr darum, theils weil zu dieser Behandlung andere Zweige des Hauptfachs anleiten; theils weil viele Taxationschriftsteller darauf gar nicht eingegangen sind und deshalb keinen Anhaltpunkt zu einer gleichmäßigen Beurtheilung darbieten; theils auch weil derartige fehlerhafte Vorschriften durch andere bessere vertauschbar sind, ohne daß dadurch die von einer Methode aufgestellten Hauptnormen für die W. E. Regelung selbst alterirt werden. — Unsere Untersuchung werden wir somit vorzugweise beschränken auf die Art der Auswahl und der Benutzung der zur Bildung, Berichtigung und Sicherung des Nachhaltetats nöthigen Materialien — unter Bezugnahme auf die in §§ 10 bis 13 erläuterten desfallsigen Anforderungen.

Demgemäs berücksichtigen wir bei den nachfolgenden Prüfungen nicht die etwaigen Vorschriften einer Methode für das Verfahren bei der Ermittelung der einträglichsten Holz- und Betriebsarten und U. Zeiten; nicht die für die Wald-Vermessung in Betreff der Wahl der Meßinstrumente, der Bildung der Klassenabtheilungen nach Gröse, Bestockung- und Bonitätverhältnissen; nicht die für die W. Chartirung in Bezug auf den Reduktionmaasstab und die innere Ausstattung der Charten; nicht die für die Bonitirung der Waldflächen und die Erforschung der Durchschnittbonitäten; auch nicht die für die Aufnahme der Bestände nach ihrem Durchschnitt-Alter und Zuwachse, nach ihrem Massegehalte, ob durch stammweise Aufnahme oder durch Probeflächen ꝛc ꝛc.

Wohl aber werden wir in den Kreis unserer Untersuchung ziehen: — ob die Methode die Grundbedingungen des W. Normalzustands gehörig erfaßt hat und zu erfüllen strebt; auf welchen Wegen und in welchen Zeiträumen sie denselben, mit oder ohne Rücksicht auf die bestehenden W. Zustandsverhältnisse, vermittelt;

wie sie während der Uebergangszeit den Etat regelt und sichert, auf die weitere Vervollkommnung des begonnenen Werks hinarbeitet, störende Einflüsse von aufenher zu gewältigen weis — kurz, ob sie den mannigfachen, in §§ 10 bis 13 aufgezählten Ansprüchen genügt, welche man an ein rationelles Regelungverfahren zu stellen berechtigt ist — ohne jedoch dabei den besonderen Vorschriften für solche untergeordnete Gegenstände, wie für die Darstellungform der R. Ergebnisse in mehr oder minder künstlich konstruirten Tabellen 2c, nähere Beachtung zu widmen.

Vorstehende Andeutungen wolle man bei Vergleichung unserer Arbeit mit anderen Leistungen der Art nicht unberücksichtigt lassen. Wir vermögen uns nimmer mit denjenigen zu konformiren, welche den wesenlichsten Unterschied der R. Methoden in der ihnen eigenthümlichen Behandlung der Vorarbeiten suchen und es für unerheblich halten, ob eine Methode das Verhältnis zwischen wirklichem und normalem Zuwachse und Vorrathe beachtet, ob sie den laufendjährlichen oder den auf die gegenwärtigen Bestandsalter oder auf die künftigen Abtriebsalter bezogenen Durchschnittzuwachs in Rechnung zieht, ob sie die Vorräthe nach Ertragstafeln oder in anderer Weise veranschlagt, ob sie Betriebsklassen, wenn auch nur für verschiedene U. Zeiten, verlangt 2c 2c. Derartige Ansichten beurkunden nur eine fast räthselhafte Mißkenntnis der wahren Aufgabe der W. E. Regelung und der Wirksamkeit der verschiedenen Hilfmittel für diesen Zweck. Folgen solcher beschränkter Auffassung sind die sonderbaren prinzipiellen Eintheilungen der bekannten R. Methoden in Fachwerke und Nichtfachwerke, so wie die inepte Behauptung, daß zwischen letzten, nämlich den R. Verfahren nach der österr. Kam. Taxation, Huber, Hundeshagen, Karl und dem Verf., eigentlich gar kein wesenlicher Unterschied bestünde, da man ja nur dieß, das und jenes zu ändern brauche, um eine Uebereinstimmung zwischen ihnen zu erzielen. Mit solchen Kunstgriffen läßt sich freilich die Fiktion einer Urharmonie aller R. Methoden begründen und selbst die massive Scheidewand z. B. zwischen der Hundeshagenschen Taxation und jedem der 3 Fachwerke verblenden, wenn auch nicht entfernen. Jener Maler, der mit einigen Pinselstrichen ein weinendes Porträt in ein lachendes umwandelte, hätte nur die Identität des Schmerzes und der Freude aufgedeckt und veranschaulicht! —

Bei der Vornahme der R. Methoden halten wir uns an eine chronologische Reihenfolge, da eine Ordnung nach Uebereinstimmung der Prinzipien nicht wohl thunlich ist. Daß wir unsere eigenen Ansichten vorangehen lassen, geschieht blos darum, damit wir auf die hier entwickelten Grundsätze bei der

Prüfung der anderen R. Verfahren kurzer Hand Bezug nehmen können und somit an Raum ersparen Ueberhaupt gedenken wir die verschiedenen Methoden nur nach ihren wesenlichsten Grundzügen zu skizziren und überlassen es denjenigen unserer Leser, welche damit nicht auslangen sollten, die mehr ausführliche Darstellung in den beibemerkten Stellen unserer früheren Schriften nachzusehen. Nur auf die R. Methoden der Hn. Huber und Martin, welche wir in unsere W. E. Regelung nicht aufgenommen hatten, werden wir etwas spezieller eingehen.

2. Regelung-Grundsätze des Verfassers.

§ 15.

A. Uebersicht derselben.

Es sind dieselben, welche wir in §§ 47 bis 52 und §§ 105 und 106 uns. W. E. Regelung niedergelegt, theilweise auch schon in vorstehenden §§ 4 bis 13 wiederholt haben und nun zur besseren Uebersichtlichkeit hier nochmal gedrängt zusammenstellen wollen.

I. Grundsätze für die Etatsordnung in abnorm beschaffenen Wäldern.

Wenn eine Waldung den vollen Normalzustand für den strengsten Nachhaltbetrieb schon besäse und behielte, so wäre eine Ertrags-Regelung für sie entbehrlich; es bedürfte dann nur einer Sicherung des N. Zustands und einer Bemessung der zu erwartenden Erträge.

Allein es besteht wohl keine einzige Waldung, worin der N. Zustand schon vorhanden und nicht erst noch zu erzielen wäre. Und selbst nach Erreichung dieses Zieles würde man immerhin einer Anleitung zur E. Regelung für abnorme Wälder darum nicht entbehren können, weil ein gegenwärtiger N. Zustand sich nicht leicht festhalten läßt, sondern durch mannigfache Einflüsse (§ 13) wieder gestört wird und dann dieselben Maasregeln nöthig werden, wie für die von vorn herein abnorm beschaffenen Wälder.

Da es nur 3 Grundbedingungen des Normalzustands einer B. Klasse gibt, so lassen sich die vorkommenden Abnormitätzustände auf 5 Hauptfälle zurückführen — auf 3 einfache und 2 zusammengesetzte, jenachdem nämlich die Abnormität nur in einer B. Klasse vorliegt und dann sich nur auf eine jener Grundbedingungen beschränkt oder auf 2 oder alle 3 zugleich; oder wenn diese Fälle in mehren oder allen B. Klassen eines Waldes sich wiederholen.

1ter Fall: — in einer B. Klasse seien
abnorm: blos die Bestandsalterstufen- und Schlag-Reihe; dagegen
normal: der Klassen-Vorrath und Zuwachs.

Bei diesem Klassenzustande darf man nur den jährl. Kl. Zuwachs (welcher hier zugleich der Normaletat ist) in dem jedesmal ältesten Holze fortnutzen und für alsbaldige Wiederbestellung der abgeholzten Flächen sorgen — und es stellt sich dann die norm. Schlag- und Bestandsreihe spätestens innerhalb eines ersten Kl. Umtriebs so weit her, daß vom 2ten Umtriebe an der Normaletat auch fast durchaus im Holze von dem norm. Haubarkeitalter fortbezogen werden kann.

Diese höchst bedeutsame Thatsache wurde im § 48 uns. W. E. Regelung an dem denkbar ungünstigsten Beispiele — worin für eine zu 100-jährigem Umtriebe bestimmte Klasse, anstatt der nöthigen 100 Schläge und Alterstufen, nur eine einzige Stufe angenommen war — nachgewiesen. Es bildete sich hier, bei ununterbrochenem Fortbezuge des normalen Kl. Etats, während eines ersten Umtriebs die norm. Schlagreihe so weit, daß vom 2ten Umtriebe an derselbe Etat auch fast durchaus in 100jähr. Beständen genutzt werden konnte, während gleichzeitig die Schlagflächen — trotzdem daß diese am Ende des 1ten Umtriebs noch sehr beträchtlich von einander abwichen — in der normalen Gröse sich abgränzten. — Die Richtigkeit dieses Nachweises wurde zwar von 2 Seiten her angefochten, wiewohl ohne allen triftigen Grund, wie wir im 1. und 2. Hft. uns. „Beitr. z. Fstw." auser Zweifel setzten.

2ter Fall: — in einer B. Klasse seien
abnorm: der Klassen-Vorrath; dagegen
normal: der Kl. Zuwachs und die Schlag- und Alterfolge.

Einer angenommenen Kl. Umtriebszeit entspricht eine bestimmte Vorrathsgröse (§ 6. 2 S. 7); die Gegenwart der letzten ist daher eine unerläßliche Bedingung für die Einhaltung jener U. Zeit, sobald der jährliche Kl. Zuwachs-Betrag auch nachhaltig jährlich genutzt werden soll. Bei einem solchen Etat würde ein vorhandener höherer oder niedererer Kl. Vorrath nothwendig zu einem längeren oder kürzeren Umtriebe, als dem normalen, hinführen. Deshalb muß man einen Vorr. Ueberschus — welcher ohnehin als ein todtes Betriebskapital erscheint durch Erhöhung des Etats über den Kl. Zuwachs hin absorbiren; dagegen ein Vorr. Manko durch Herabsetzung des Etats unter den Kl. Zuwachs allmählich ausgleichen. In beiden Fällen ist entweder der Zeitraum für die Vorr. Ausgleichung bis zum Normalstande hin den entscheidenden Rücksichten gemäs zu bestimmen und danach der Gang und Betrag der Nutzung während jenes Zeitraums zu regeln; oder aber umgekehrt, wenn es die Verhältnisse rathsam machen, die Gröse der jährl. Nutzung im Voraus festzustellen und danach jenen Zeitraum zu bemessen. Dabei wollen wir das Verhältnis zwischen beiden Kl. Vorräthen (dem normalen und wirklichen) als ein arithmetisches (und nicht als ein geometrisches) betrachtet, daher nur den Unterschied beider ausgeglichen wissen. Die Ausgleichung kann bei einem Vorr. Ueberschus in jedem beliebigem Zeitraume, mithin schon in einem oder einigen Jahren geschehen, wenn die Absatzgelegenheit ꝛc eine so rasche Aufzehrung räthlich macht; bei einem gröseren Vorr. Defekte dagegen wird die Ausgleichungzeit von der Gröse des jährl. Kl. Zuwachses — über welchen hinaus keine Ersparnis möglich wäre, wenn man auch unterdeß auf alle Nutzung verzichten wollte — begränzt. — Die Veranschlagung beider Vorräthe verlangen wir nach der in § 6. 3 S. 8 gegebenen Anleitung und nicht auf die Grundlage von Zuwachstafeln. (§ 10. 1. B. b und c S. 21 f.; W. E. N. § 49).

Die etwaigen Störungen in der norm. Bestandsreihe, welche durch die Vorr. Ausgleichung, namentlich durch die rasche Wegnahme eines gröseren V. Ueberschusses, entstehen können, nivelliren sich später von selbst (m. s. oben Fall 1). In den seltneren Fällen, wo diese Störungen mit erheblicheren Nachtheilen gepaart wären, wie z. B. in solchen Nutzholzbeständen, aus denen nachhaltig Stämme von einer bestimmten Stärke bezogen werden sollen, müßte man durch angemessene Wahl der Ausgleichungzeit solchen Nachtheilen begegnen.

Die wesenlichste grundsätzliche Differenz der meisten R. Methoden gründet in der Verschiedenheit der Wahl der Vorr. Ausgleichungzeiträume und der Etatsordnung innerhalb derselben, obschon manche Methoden die Vorrathsdifferenzien gar nicht unmittelbar beachten. Der ganz unermeßliche Spielraum, der hierbei gestattet ist, liefert zugleich ein unerschöpfliches Material zur Bildung einer zahllosen Menge neuer R. Methoden von ganz gleichem Werthe oder Unwerthe mit den bereits veröffentlichten. Hierauf haben wir schon S. 9 im 1. Hft. uns. Beitr. z. Fstw. aufmerksam gemacht, ohne daß jedoch dieser Fingerzeig die gebührende Würdigung gefunden hätte.

3ter Fall: — in einer B. Klasse seien
abnorm: blos der Kl. Zuwachs, dagegen
normal: der Kl. Vorrath und die Bestands- und Schlagreihe.

Wie wir wissen (§ 7. 1), kommt bei regelrechter Bestockung einer B. Klasse deren laufend-jährl. Zuwachs oder deren durchschn. jährl. Abtriebszuwachs dem norm. Kl. Etat gerade gleich; die durch den jährl. Bezug dieses Etats entstehende Lücke im Vorrath wird durch den jährl. Kl. Zuwachs wieder ausgeglichen und somit der Vorrath auf den vorigen Stand gebracht.

Hiernach läßt sich leicht abnehmen, daß, wenn der wirkliche Kl. Zuwachs abnorm und (wie dann gewöhnlich) kleiner wäre, als der normale, man den jährl. Etat dem wirkl. Zuwachs gleichstellen, daher um gleichviel ermäsigen müßte, wenn der gegenwärtige norm. Vorrathsbetrag gerade erhalten werden soll. Wäre der wirkl. Kl. Zuwachs gröser als der normale, so hätte man den Etat um gleichviel zu erhöhen. Beides, die Ermäsigung oder Erhöhung des Etats, würde so lange andauern, bis der wirkl. Kl. Zuwachs noch nicht den normalen Stand erreicht hätte.

Man sh. uns. W. E. Regelung § 50, woselbst wir zugleich bemerkt haben, wie ein sehr beträchtliches Zuwachsdefekt (in Folge fehlerhafter Bestandsbeschaffenheit) oftmal einen rascheren Verjüngungbetrieb in den zuwachsarmen Beständen, mithin periodische Ueberhiebe über den wirkl. Kl. Zuwachs hin, sonach auch eine Verminderung des vorhandenen Kl. Vorraths, räthlich machen könnte, daß jedoch die dadurch bewirkte Vorr. Verminderung späterhin — nach Erzielung des vollen Kl. Zuwachses — wieder gehoben werden müsse durch Herabsetzung der Nutzungen unter den Kl. Zuwachsbetrag.

4ter Fall: — in einer B. Klasse seien zwei oder alle drei Bedingungen des Normalzustands zugleich nicht erfüllt.

Die Bestockungverhältnisse können hier ganz andere sein, als in den vorstehenden 3 Fällen, in denen durch die unterstellte Erfüllung zweier Bedingungen des Kl. Normalzustands der Gröse der Abnormität gewisse Gränzen gezogen wurden. So setzt z. B. der in den Fällen 1 und 2 als gegenwärtig angenommene normale Kl. Zuwachs voraus, daß die ganze B. Klasse durchaus und voll mit frühwüchsigem Holze bestanden seie. Sind aber Zuwachs und Bestandsreihe zugleich abnorm und nur der Vorrath normal, so kann die Abnormität darin beruhen, daß zwar die ganze Klassenfläche bestockt ist, aber unvollkommen; oder daß — bei vorhandenem überhaubaren Holze — ein Theil der Klasse gar nicht bestockt und Blöse ist. — Bei abnormer Vorr. Gröse und Bestandsreihe, jedoch normalem Zuwachse, kann die ganze Klasse zwar durchaus und voll mit gesundem, aber noch nicht haubarem Holze bestanden sein, so daß die Fällungen zeitweise ganz aufhören müßten. — Ein gegenwärtiger N. Vorrath, bei abnormem Zuwachse und Bestandsreihe, läßt sich dann nicht wohl erhalten, wenn der Vorrath theilweise in kranken oder lückigen Beständen oder in dem Einwuchse drohenden Mutterbäumen in Hochwald-Verjüngungschlägen stockt 2c 2c. — Kurz, es ist in diesen Fällen eine gar nicht übersehbare Verschiedenheit der Bestockungverhältnisse möglich.

Dennoch bleiben die Mittel und Wege zur Entfernung aller dieser Abnormitäten ganz dieselben, wie die für die obigen drei einfachen Fälle angegebenen. Da nun aber diese Maasregeln theilweise zu verschiedenen Zielen leiten und deshalb mit einander kollidiren, so entsteht die Frage: welcher von ihnen der Vorzug gebühre? — Wählen wir zur näheren Erläuterung ein Beispiel. Gesetzt in einer B. Klasse seien abnorm und nicht voll vorhanden Vorrath und Zuwachs, und zwar in Folge lückiger oder kranker Bestände. Nach der Anleitung für den obigen Fall 2 bedürfte es zur Ergänzung des Vorraths-Defekts eine Erniedrigung des Etats unter den Zuwachsbetrag der Klasse; während andererseits die Ausgleichung des Zuwachs-Manko's — nach Anleitung für den Fall 3 — einen rascheren Betrieb der Verjüngungen in den zuwachsarmen Beständen und dieser wieder Ueberhiebe über den Kl. Zuwachs hin erheischen, somit eine weitere Vermehrung des Vorr. Defekts herbeiführen würde. Beide Maasregeln führen daher zu entgegengesetzten Zielen und können deshalb nicht zugleich angewandt werden, sondern nur die Eine mit zeitweiser Zurücksetzung der Anderen. Welche von ihnen hier zurückstehen müßte, läßt sich nun nicht generell bestimmen; darüber können nur allein die in jedem Einzelfall vorwaltenden besonderen Verhältnisse, wie die Art der Bestockung, die Gröse dieses oder jenes Defekts, die persönliche Lage des Waldbesitzers ꝛc entscheiden, und die Abwägung dieser Verhältnisse spricht begreiflich besondere Umsicht und Sorgfalt an. Im Allgemeinen läßt sich nur etwa folgende Rangordnung feststellen. Die Ausgleichung eines Zuwachs-Defekts, zumal eines gröseren, wird in der Regel vorzugweise zu bewirken sein, weil ein derartiger Defekt eine unersetzliche Einbuse bleibt (§ 11. 2. S. 30 f.). — Nächstdem macht sich die Rücksicht auf Ergänzung eines Vorraths-Manko's geltend und diese Ergänzung ist nach bewirkter Herstellung des vollen N. Zuwachses um so rascher ausführbar, weil letzter grösere Ersparnisse möglich macht. So würde, wenn der wirkliche Kl. Zuwachs nur die Hälfte des normalen betrüge und man jenen wieder nur zur Hälfte nutzen und zur andern Hälfte zur Vorr. Mehrung verwenden wollte, die jährl. Nutzung nur ¼ des N. Zuwachses betragen und ebenso viel auch die jährl. Vorrathsmehrung. Wäre aber erst — wenn auch mit gleichzeitiger weiterer Verringerung des Vorraths — der normale Kl. Zuwachs hergestellt, so würde sowohl der jährliche Etat, als auch die jährl. Vorr. Erhöhung auf das Doppelte vermehrt werden können. — Die Beschaffung einer noch mangelnden Bestandsalter- und Schlagreihe dürfte in Kollisionfällen obigen beiden Rücksichten meist nachstehen, indem jene ohne alle Einbuse am Normal-Etatsbetrage sich später ganz von selbst ergeben (m. s. Fall 1.). — Daß jedoch obwaltende besondere Verhältnisse Ausnahmen von der hier gegebenen Rangordnung begründen können, dafür haben wir in uns. W. E. R. §§ 50 und 51 einige Beispiele ausgehoben.

5ter Fall: — die im obigen 4ten Falle bezeichneten Abnormitäten fänden nicht blos in einer einzigen, sondern in mehren oder allen B. Klassen einer Waldung statt.

Die für den 4ten Fall angegebenen Mittel zur Abhilfe kommen auch hier in Anwendung, finden da aber öfters eine weitere Unterstützung darin, daß eine Klasse einer andern während der Uebergangszeit aushelfen kann, z. B. eine Klasse mit Vorr. Ueberschus einer anderen mit Vorr. Manko; oder eine Klasse mit haubarem oder überhaubarem Holze einer anderen mit noch nicht anhiebbaren Beständen; oder daß man die etwa nöthigen Ueberhiebe in einer Klasse (zur Entfernung eines Zuwachsdefekts rc) durch Einschränkung der Nutzungen in einer anderen Klasse gleichzeitig ausgleicht rc. (W. E. R. § 52).

II. Anderweite Grundsätze bezüglich der Auswahl, Sammlung und Benutzung der Materialien zur Etats-Bestimmung und Sicherung überhaupt.

Wir verlangen dieselben Vorarbeiten, wie sie jedwede zweckmäsige R. Methode fordern muß, nämlich Wald-Vermessung, Chartirung, Bonitirung (mit klassenweiser Ausgleichung der Bonitäten) und Beschreibung; Bestimmung der Holz- und Betriebsarten, der Umtriebszeiten (mit Rücksicht auf eine nöthige Reserve) — glauben aber in Betreff der praktischen Behandlung dieser Gegenstände auf uns. „W. E. Regelung" verweisen zu müssen.

Wir verlangen weiter die Bildung von B. Klassen unter Beachtung der oben § 5. 1 angedeuteten Rücksichten; sodann die klassenweise Ermittlung der normalen und wirklichen Vorräthe und Zuwachse nach §§ 4—7, mit durchgängiger Zugrundlegung des auf das künftige muthmaasliche Abtriebsalter der Bestände bezogenen Durchschnittzuwachses, excl. der Vornutzungen. Vorhandene Blösen, deren baldige Kultur keinem Anstande unterliegt, können dabei entweder sogleich mit in Rechnung genommen werden oder auch späterhin, nach erfolgtem Anbaue.

Für den Zweck der Etats-Ordnung und Bemessung werden vorerst aus allen B. Klassen des betr. Waldes die beiden Vorräthe und Zuwachse zusammengezogen und die normalen mit den wirklichen Beträgen verglichen, um in den Differenzien einen vorläufigen summarischen Ueberblick über das Waldertragsvermögen zu gewinnen. Hierauf ist aber noch dieselbe Vergleichung auch klassenweise vorzunehmen, um die etwa nöthige gegenseitige Unterstützung der Klassen nach Betrag und Dauer zu erfahren, sodann der klassenweise und summarische Abtriebs-Nachhalt-Etat mit Rücksicht auf die Nutzunganspruche des Waldbesitzers, die inneren Zustände und den zu erzielenden Normalzustand jeder Klasse rc unter Beihilfe der Karte und einer genauen Lokalkenntnis zu ordnen und zu bemessen, zugleich auch die nöthigen Maasregeln für den Kulturbetrieb vorzusehen. Die Länge des Zeitraums, auf welchen diese Voranschläge auszudehnen sind, hängt von dem möglichen Eintrit des Normalzustands bei jeder Klasse ab und jene braucht daher nicht bei allen Klassen dieselbe zu sein.

Zur Abkürzung der Arbeit kann man diese Ausgleichungzeiträume in Perioden abtheilen, etwa in 10- bis 20jähr. bei Hochwäldern und in 5jährige bei Nieder- und Mittelwäldern. Dem Abtriebsetat werden zuletzt noch die muthmaaslichen Zwischennutzungerträge, wenn auch nur für die nächsten Perioden, beigeschlagen, um den summarischen Etat zu erfahren.

Die periodischen ꝛc Ergebnisse dieser Etatsregelung stellt man klassenweise, unter Angabe der Schlag- und Kulturflächen, in den sogen. Wirthschaft-Planen zusammen. Sie dienen sowohl zur Erleichterung der Uebersicht, als auch zur Sicherung der Regelung. Als weitere Mittel für den letzten Zweck haben wir die Unterhaltung von Holzreserven, eine ununterbrochen fortlaufende klassenweise Kontrole der beiden Vorräthe und Zuwachse, des Kulturbetriebs ꝛc empfohlen.

(Die nähere Anleitung hiezu in uns. W. E. R. §§ 54 bis 58, 105, 106 ꝛc).

§ 16.

B. R. Grundsätze des Verf., verglichen mit den Anforderungen in §§ 10 bis 13.

Eine solche, wenn auch nur flüchtige, Vergleichung scheint uns nöthig — theils zu besserer Motivirung unserer nachfolgenden Urtheile über andere W. E. R. Verfahren; theils zur Berichtigung der Mißverständnisse, welche etwelchen Kritikern bei Beurtheilung unseres R. Verfahrens unterlaufen sind.

Untersuchen wir zuerst, in wie weit durch unser Verfahren berücksichtigt erscheinen

I. die zeitlichen Nutzungansprüche der Waldbesitzer und Holzkonsumenten (§ 10 S. 16 f.).

Wir trennen hier wieder die regelmäsigen Ansprüche von den auserordentlichen.

1. Regelmäsige. — Wir wissen, daß die höchste jährl. Abtriebsnutzung (excl. der Vornutzungen) in einer zum strengsten Nachhaltbetriebe bestimmten B. Klasse oder Waldung, welche schon den vollen Normalzustand besitzt, deren jährlichem Zuwachse gerade gleichkommt (§ 7. 1. S. 9). Eine höhere Nutzung würde den N. Zustand aufheben.

Die Bemessung des regelmäsigen Nachhaltetats in einer abnorm bestandenen B. Klasse (oder Waldung), worin der N. Zustand allmählich angebahnt werden soll, stützen wir hauptsächlich auf die bestehenden Verhältnisse — einerseits zwischen dem wirklichen und normalen Vorrathsbetrage — und andererseite zwischen dem wirklichen und normalen Zuwachsbetrage; wir betrachten dabei beide Verhältnisse als arithmetische und nicht als geometrische, verstehen unter dem wirkl. jährlichen Zuwachs den auf das künftige Abtriebsalter der Bestände bezogenen Durchschnittszuwachs und wollen diesen auch bei der Veranschlagung der beiden Vorräthe zu Grunde gelegt haben (§. 10. 1. B. e. S. 25) — was Alles sowohl für die Freiheit in der Wahl des Vorraths- und Zuwachs-Ausgleichungzeitraums, als auch für den Gang der Ausgleichung selbst, für die Gröse und die Stetigkeit des berechneten zeitlichen Etats während jenes Zeitraums von bedeutendem Einflusse ist. Auf diese Grundlagen hin finden wir nun:

A. daß bei noch so groser Verwirrung in der Bestandsalter- und Schlagreihe, jedoch gegenwärtigem normalem Vorraths-Betrage und Zuwachse, dennoch sogleich der höchste (normale) Etat fortbezogen werden kann (Fall 1 S. 48);

B. daß dieser Etat eine zeitweise weitere Erhöhung gestatte in zwei Fällen, nämlich

a. wenn ein Vorrathsüberschus bestände (Fall 2 S. 48) oder

b. wenn ein beträchtliches Zuwachsmanko in Folge unvollkommener Bestände vorläge oder späterhin (der Hiebsfolge nach) drohte, in welchen Fällen die durch die Etatserhöhung veranlaßte Vorrathsschmälerung freilich nachgehends durch Herabsetzung des Etats wieder ausgeglichen werden müßte (Fall 3 S. 51 Anmerk.);

c. daß dagegen eine zeitweise Ermäsigung des Etats unter den Normalbetrag herab nothwendig eintreten müsse

a. bei vorhandenem Vorrathsdefekte (Fall 2 S. 48) oder

b. bei vorhandenem Zuwachsdefekte, wenn solches weniger beträchtlich wäre oder nicht in unvollkommenen Beständen seine Ursache fände (sh. oben S. 50).

In allen diesen Fällen erscheinen die regelmäsigen zeitlichen Nutzungansprüche aufs Vollständigste gewahrt, um so mehr, als nach den vorliegenden Prinzipien dem Waldbesitzer völlige Freiheit in der Wahl der Ausgleichungzeit und in der Regelung der Nutzbeträge während dieser Zeit gestattet ist, derselbe mithin den Etat innerhalb letzter beliebig ordnen, nämlich gleichstellen, fallen oder steigen lassen, selbst zeitweise unterbrechen kann, wie es seine Verhältnisse gerade erfordern; und als ihm die wahre gewerbliche Bedeutung eines Vorraths-Ueberschusses — als todtes Kapital — enthüllt ist (§ 10. 1. B. d. α. S. 22).

2. Auserordentliche Nutzungansprüche. — Sollte nach Vollzug der E. Regelung der W. Besitzer — seie es durch persönliche Geldverlegenheit, oder durch eine plötzlich eröffnete lukrative Holzabsatzgelegenheit, oder durch den Nothstand der Holzkonsumenten rc — zu einer zeitweisen Ueberschreitung des regelmäsigen Etats genöthigt werden, so lassen sich nach unseren Prinzipien die Folgen dieser Uebergriffe in dem Betrage der veranlaßten Vorr. Minderung sehr leicht numerisch bemessen und zugleich die einfachen Mittel auffinden, um in die rechte Bahn beliebig wieder einzulenken.

II. Forstwirthschaftiche Rücksichten (§ 11. S. 27).

Ebenso schmiegen sich unsere R. Grundsätze jeder gewählten Betriebs- und Waldbehandlungart an, gestatten freie Auswahl der U. Zeiten sowohl von vorn herein, wie auch späterhin, Falls die erste Wahl sich nicht als vortheilhaft bewähren sollte, und lassen nicht blos alle die wirthschaftlichen Maasregeln zu, welche die besonderen inneren Waldzustands-, insbes. die Bestockung-Verhältnisse rathsam erscheinen lassen, wie bessere Abrundung und Zusammenreihung der Schläge, raschere Verjüngung zuwachsarmer Bestände rc, sondern sie unterstützen noch weiter diese Maasregeln in der Art, wie wir das Eingangs des § 11 erörtert haben, weshalb denn eine nach diesen Grundsätzen angelegte W. E. Regelung jederzeit — von vornherein, wie späterhin — als wahre treue Dienerin, Gehilfin und Rathgeberin der Wirthschaft zur Seite steht.

III. Rücksicht auf die Herstellung des Waldnormalzustands für den strengsten Nachhaltbetrieb (§ 12 S. 32).

Unsere R. Grundsätze sind unmittelbar von den Grundbedingungen des vollkommensten W. N. Zustands und ihren gegenseitigen Verhältnissen und Wechselwirkungen abgeleitet und die von uns empfohlenen Maasregeln bezwecken zugleich die Erfüllung jener Bedingungen. Allein, wie schon bemerkt, betrachten wir die Herstellung eines noch mangelnden W. N. Zustands nur als das Endziel, aber nicht als den nächsten und Hauptzweck der W. E. Regelung, und weichen hierin sowohl von denen ab, welche — wie die Flächenfachwerker — dem Streben nach dem N. Zustande alle übrigen Rücksichten völlig unterordnen; als auch von denen, welche — wie die Massenfachwerker — die Bedingungen des N. Zustands gar nicht kennen oder doch nicht beachten, deshalb auch den letzten verfehlen oder doch nur zufällig erreichen; so wie auch von denen, welche — wie fast alle übrigen R. Methoden — mit jenen Bedingungen zwar vertraut sind, sie aber weder richtig klassifiziren, noch auch vollständig bei ihren N. Vorschriften im Auge behalten, darum den Eintrit des N. Zustands gewöhnlich weiter hinaus, als nöthig, verzögern, überdieß den Zeitpunkt dieses Eintritts nicht vorauszubestimmen vermögen.

Als unerläßliche Prämisse für die Möglichkeit der Erzielung und Einhaltung eines Normalzustands für den strengsten Nachhaltbetrieb erkennen wir die Bildung von Betriebsklassen, verkennen aber zugleich die mannigfachen wirthschaftlichen Belästigungen ꝛc nicht, welche eine Vervielfältigung der Klassen im Gefolge hat, und haben deshalb die Mittel angegeben, welche ohne sachlichen Nachtheil zur Vereinfachung der B. Klassen hinführen.

Mit unverrücktem Blicke auf das getreue Bild des vollen Kl. N. Zustands und die 3 Grundbedingungen des letzten, sind wir jedoch weit entfernt, in den Fällen, wenn 2 oder alle 3 dieser Bedingungen in einer Klasse zugleich ausständen, ihnen allen gleiche Wichtigkeit zuzusprechen und zu verlangen, daß sie alle gleich=zeitige und mäßige Unterstützung finden müßten; glauben vielmehr, daß in der Regel die Entfernung eines mehr beträchtlichen Zuwachsdefekts vorzugweise Beachtung verdiene und daß die Herstellung einer fehlenden normalen Schlag= und Bestandsreihe in den meisten Fällen minder gut direkt, sondern mit überwiegenden Vortheilen (wenn auch vielleicht etwas später) indirekt — durch die vorgängige Beschaffung eines normalen Vorrathbetrags — vermittelt werde.

Den Zeitraum, innerhalb dessen der Kl. Normalzustand erfolgen soll, wollen wir keineswegs allgemein und etwa gerade auf die Dauer einer U. Zeit festgesetzt, sondern unter Beachtung aller bei der E. Regelung entscheidenden Rücksichten bemessen wissen. Und es bedarf wohl keines näheren Nachweises, daß der von uns bei der Veranschlagung der beiden Zuwachse und Vorräthe zu Grunde gelegte Abtriebs=Durchschnittzuwachs, in Verbindung mit der anempfohlenen abgesonderten Behandlung der Vornutzungen, die bequemsten Mittel an Handen gebe, sowohl den wahrscheinlichen Eintrit des beabsichtigten N. Zustands genau vorausbestimmen, so wie auch den Gang der Ausgleichung und die Gestaltung der Waldzustandsverhältnisse in jedem Momente der Uebergangszeit unausgesetzt verfolgen und in voller Klarheit überschauen zu können.

Wenn daher Hr. Prof. Dr. Th. Hartig in seiner unten allegirten Schrift*) den „rationellen Methoden" zum Vorwurfe macht: — „daß sie ihre Wirthschaft- und Abnutzung-Vorschriften nicht auf das Bild des normalen Zustands, sondern auf die diesem letzteren entsprechende Holzbestands- und Zuwachsmasse gründeten" — so wird er diesen Vorwurf auf meine eigenen Vorschriften wohl nicht ausdehnen wollen und können. Er wäre selbst für die übrigen Methoden nicht einmal unbedingt begründet, weil diesen allen das Bild des Normalzustands schon bei der Berechnung des normalen Vorraths und Zuwachses klar vorschwebt, und sie nur darin fehlen, daß sie den Verlauf der künftigen stufenweisen Annäherung an den Normalzustand nicht schon der Gegenwart vorführen, und zu veranschaulichen vermögen — abgesehen von den weiteren Mängeln in der Wahl der Uebergangszeit, in der Nutzungordnung während derselben rc. — Andererseite kann ich seiner Annahme: — „daß den Fachwerken das Bild des N. Zustands als Leitstern der Betriebseinrichtung und Ertragsberechnung vorschwebe" — nicht beipflichten, wenn Hr. Hartig sie auf das Massen-Fachwerk bezogen haben will. Ebenso wenig erkenne ich als richtig an, daß der einmal berechnete Normalvorrath forthin eine unveränderliche Größe bleiben müsse, und daß die Einflüsse eines vervollkommneteren Waldwirthschaftbetriebs auf den N. Zuwachs und Vorrath späterhin nicht mehr berücksichtigt werden dürften. Das Gegentheil hiervon habe ich in meiner W. E. R. § 106. 1. S. 240 ausdrücklich verlangt. — Uebrigens danke ich demselben verbindlichst für das werthvolle Geschenk seiner ehrenden Anerkenntnis meines wissenschaftlichen Strebens.

Nach Beendigung meines Manuskripts, und während des Druckes desselben kommt mir der 24. Bd. 1. Hft. von Hn. O. F. R. Dr. Pfeil's „kritischen Blättern" zu. Da eine nähere Würdigung der darin enthaltenen Diatribe gegen W. Normalzustand, Betriebsklassen rc hier zu vielen Raum einnehmen würde, so verweise ich sie an den Schlus dieser Schrift.

---

*) Vergleichende Untersuchungen über den Ertrag der Rothbuche im Hoch-, Pflanz-, Nieder- und Mittelwalde, nebst Anleitung zu vergleichenden Ertragsforschungen rc. Berlin 1847, S. 125, Anmerk.

IV. Sicherung und Vervollständigung der W. E. Regelung.

Die hierzu in § 13 S. 39 ff. bestimmten Maasregeln haben wir sämmtlich dringend anempfohlen. Wir fügen ihnen folgende Erläuterungen bei:

1. Holzreserve. — In der von uns vorgeschlagenen Art ihrer Anlage — durch angemessene Erhöhung einer angenommenen U. Zeit und somit des N. Vorraths — vereinigt sie in sich alle Vorzüge der sogen. stehenden und fliegenden Reserve, ohne die Nachtheile beider zu theilen. Sie ist jederzeit vorhanden, kann beliebig in nur einer B. Klasse, wo sie sich am besten anlegen läßt, für alle übrigen Klassen mit hergestellt, späterhin, wenn es sich als räthlich erweisen sollte, beliebig erhöht oder vermindert oder ganz abgeschafft, so wie nach nöthig gewordener Benutzung ebenso, wie jeder Defekt am N. Vorrath, in längerer oder kürzerer Frist wieder ergänzt werden — kurz diese Art Reserve leistet alles dasjenige vollkommen, was man von einer Reserve überhaupt nur verlangen darf.

2. Den betriebsklassenweisen Entwurf der generellen Wirthschaftplane (§ 13. 2. S. 41) wollen wir bis zum möglichen Eintritte des vollen N. Zustands jeder Klasse, mithin nicht gerade auf einen ersten Umtrieb hin, ausgedehnt wissen. Dabei kann jede Klasse (jedoch mit Berücksichtigung der etwa von ihr verlangten Nutzungaushilfe für eine andere Klasse) für sich behandelt werden, so wie denn auch eine Uebereinstimmung der Periodenlänge bei allen Klassen nicht erforderlich ist. Sowohl dadurch, als auch durch die von uns eingehaltene Berechnungweise der Zuwachse und Vorräthe, so wie durch die getrennte Behandlung der Vornutzungerträge, wird der Entwurf dieser Plane für noch so lange Zeiträume hin ausnehmend erleichtert. Ohnehin verlangen sie nur eine mehr summarische Verarbeitung des Materials und zugleich eine möglichst einfache Fassung der Darstellung, damit ihre spätere Umarbeitung, in Folge nicht leicht aus-

bleibender Störungen, weniger Mühe und Zeit anspricht. Speziellere Kulturvorschriften für entferntere Perioden sind am ersten entbehrlich, nur etwa vorgesehene Umwandlungen von Holz- und Betriebsarten kurz zu wahren. — Wir brauchen wohl nicht mehr besonders hervorzuheben, daß diese Plane bei uns nicht Mittel zur Etats-Bestimmung und Bemessung selbst, sondern nur dazu bestimmt sind, die Ergebnisse einer vorgängigen und mit allseitiger Berücksichtigung der hierbei entscheidenden Verhältnisse angelegten W. E. Regelung nach Materialbetrag, Flächenraum und Zeit übersichtlich darzustellen.

Nach der „allgem. F. und J. Zeitung", Aprilheft 1847, will ein besterntes Φ — neben anderen gleich barocken Eingebungen — auch die originelle Entdeckung gemacht haben: — daß wir die Nutzungflächen nicht berücksichtigten. Dem Vernehmen nach verdanken wir diese Vision einem jungen angehenden Forstmanne, welcher vor kaum 2 Jahren (nach mittelmäßig bestandener Prüfung) die hiesige Hochschule verlassen hat und seitdem auf dem Bureau der Lohnkritik des Fhn. v. W. seinen Unterhalt erkämpft. Der im 1. Hft. uns. Beitr. z. Fstw. S. 68 ertheilte Wink hätte demnach schon zweiseitige Berücksichtigung gefunden! Wir hoffen jedoch, daß das Publikum dieser Folge halber mit uns nicht allzustrenge zu Gericht gehen, uns auch nicht dafür zur Verantwortung ziehen wolle, daß dieser neue Priester der Kritik aus unserem mündlichen Vortrage über W. E. Regelung und dem dabei zu Grunde gelegenen Kompendium nicht den möglichen, sondern augenscheinlich nur einen sehr problematischen Nutzen gezogen habe. Letztes beklagen wir selbst aufrichtig, dürfen aber versichern, daß dergleichen groben Verirrungen unter unseren Zuhörern zu den bisher unerhörten Vorkommnissen gehören.

3. Zur Sicherung, Berichtigung und Vervollkommnung einer besorgten W. E. Ordnung haben wir in § 106 uns. „W. E. Regelung" — neben dem periodischen Betriebsplane (für eine erste Periode), den jährlichen W. Planen, einer guten Kontrole zwischen Voranschlag, Ausführung und Erfolg — auch eine ununterbrochen fortlaufende (mithin nicht bis ans Ende einer Periode verschobene) Sichtung und Verbesserung der Hauptgrundlagen der E. Regelung und Bestimmung, wie der norm. U.

Zeiten, der beiden Vorräthe und Zuwachse, dringend anempfohlen und zugleich zu dem Vollzuge dieser Maasregeln näher angeleitet. Auch hierbei kommt wieder die von uns befolgte Art der Veranschlagung der Vorräthe und Zuwachse sehr zu statten. Aufgefundene Fehler im ersten Entwurfe von noch so grosem Umfange lassen sich jederzeit ebenso einfach und ohne beträchtlichen Aufwand an Mühe und Zeit berichtigen, als wie die Folgen störender Zufälle von ausenher oder etwa später nöthig gewordener Nutzungübergriffe genau bemessen und sonach die zweckdienlichsten Maasregeln zu ihrer Ausgleichung und Beseitigung treffen.

3. Die Fachwerkmethoden.

§ 17.

A. Im Allgemeinen.

Eine scharfe, bündige Diagnose der Fachwerke ist nicht wohl zu geben; letzte bieten dazu viel zu wenige positive Unterscheidungmerkmale dar. Ein solches Merkmal können wir darin nicht finden, daß die Fachwerke als Basis ihrer Operationen einen längeren Zeitraum (Einrichtungzeit) wählen, denselben wieder in gleich lange Perioden (Fache — daher ihr Name) abtheilen und diese ihren Grundsätzen gemäs mit Nutzungen ausstatten. Denn auch andere, von den Fachwerken sehr wesenlich abweichende R. Methoden, z. B. die Hubersche, verfahren in gleicher Weise. — Eben so wenig kann die, von den Fachwerken allerdings zuerst ausgegangene, Vorschrift der generellen, periodischen und jährlichen Wirthschaftplane an und für sich einen zureichenden Unterscheidunggrund abgeben, indem diese Plane Gemeineigenthum aller anderen R. Methoden sind oder doch sein sollten. — Eher schon dürfte die Art der Benutzung dieser Plane einen wirklichen Unterschied begründen; denn während letzte bei den übrigen Methoden nur die im § 16. IV. 2 S. 62 bemerkte

Bestimmung haben, liefern sie den Fachwerken, vornweg dem Massenfachwerke, den Maasstab der Etats-Ordnung und Bemessung selbst.

Dagegen läßt sich die Fachwerksgruppe durch nachbenannte negative Merkmale schon bestimmter charakterisiren.

Die Faktoren des Waldnormalzustands für den strengsten Nachhaltbetrieb, ihre relative Wichtigkeit, ihr gegenseitiges Verhältnis, ihre Wechsel- und Gesammtwirkung kennen oder beachten die Fachwerke entweder gar nicht oder doch nicht vollständig und allseitig; sie sind darum in der Auswahl der zweckmäsigsten Mittel und Wege zur Ueberführung abnorm bestockter Wälder in den Normalzustand ganz unsicher oder doch wenigstens sehr beschränkt, erfüllen deshalb ihre Aufgabe in der Regel ganz unvollständig und fast nie in der vortheilhaftesten Zeit und Weise, und wissen überhaupt dem Wirthschaftbetriebe nicht diejenige Aufklärung und Stütze zu verleihen, welche er von einer rationellen E. Regelung zu erwarten berechtigt ist; sie beengen und fesseln vielmehr eine erspriesliche Betriebsfreiheit in unnöthiger und dabei lästiger und schädlicher Weise.

Sie kennen nämlich nicht die Nothwendigkeit der Betriebsklassen, wäre es auch nur für verschiedene U. Zeiten, und vermögen daher auch in der Regel nicht, den N. Zustand zu erreichen. Und doch sind gerade sie es vorzugweise, welche dem von ihnen ersehnten, wiewohl verfehlten, N. Zustande zu Liebe dem W. Besitzer die grösten Opfer aufzubürden nicht das mindeste Bedenken tragen! —

Sie kennen (oder beachten) nicht die Wichtigkeit der gegenseitigen Grösenverhältnisse zwischen norm. und wirkl. Vorrathe, zwischen norm. und wirkl. Zuwachse, zwischen Vorrath, Zuwachs und Etat. Sie wissen daher auch nicht in abnormen Wäldern die einzelen Faktoren des N. Zustands getrennt zu behandeln, sondern suchen sie alle zusammen gleichzeitig durch Bildung gleicher Schlagflächen zu beschaffen, übersehen die weit vortheilhaftere Vermittlung durch den norm. Vorrathsbetrag, und entbehren gänzlich des richtigen Maasstabs zur Bemessung des Nachhaltetats innerhalb der Uebergangszeit, während sie diese selbst in ganz ungrundsätzlicher Weise durchweg gerade einer ersten Einrichtung= oder Umtriebszeit gleichsetzen wollen.

Die Fachwerksgruppe läßt sich spezifiziren in

1. das Flächen=Fachwerk,
2. das Massen=Fachwerk und
3. das aus beiden komponirte oder das Flächen=Massen=Fachwerk.

Der Beseitigung mancher Mißverständnisse würde es sehr förderlich sein, wenn die Fachwerker jedesmal bestimmt angeben wollten, zu welcher dieser Abtheilungen sie sich bekennen.

B. Das Flächenfachwerk.

§ 18.

a. Grundsätzlichkeit desselben.

Diese spricht sich in folgenden Operationstufen aus. Man soll:

1. die gesammte produktive Morgenzahl des zu regelnden Waldes entweder durch die Zahl der Einzeljahre oder durch die Zahl der (gleichlangen) Perioden einer festgesetzten Umtriebszeit (Einrichtungzeit) dividiren, um in dem Quotienten die normale Gröse eines Jahres= oder Perioden=Schlags zu erfahren; sodann

2. die jener U. Zeit entsprechende Zahl der Jahres= oder Periodenschläge, unter Beihilfe der Karte, im Walde selbst so aussuchen, bilden und ordnen, daß jeder Einzelschlag, neben dem norm. Flächenmaase, so weit thunlich auch die passende Lage und Form und gleiche Bestockung, vornweg Holz von einerlei Alter, zugetheilt erhielte; hierauf

3. die Hiebs- und Kulturfolge der Schläge so bestimmen, daß die mit dem ältesten Holze bestandenen — wohl auch sehr unvollkommen bestockte, daher zuwachsarme, jüngere — zuerst zur Nutzung und Wiederverjüngung gelangten und so fort der Altersfolge nach, so daß die jüngsten Bestände und die noch erst anzubauenden Blösen an das Ende des Umtriebs versetzt würden — alles jedoch mit gleichzeitiger Rücksicht auf zweckmäßige Zusammenreihung der Schläge;

4. die so formirten und geordneten Schlagflächen auf der Karte, wohl auch im Walde selbst, abgränzen und mit dem betreffenden Ernte- resp. Kultur-Jahr oder Periode bezeichnen und

5. dafür weitere Vorsorge treffen, daß die Schläge in den vorausbestimmten Jahren oder Perioden der ersten U. Zeit auch wirklich abgeholzt und verjüngt, so wie die vorgesehenen künstlichen Kulturen, Bestandsumwandlungen ꝛc pünktlich vollzogen würden — damit nach Ablauf des ersten Umtriebs der volle Normalzustand wirklich erzielt wäre; endlich noch

6. die muthmaaslichen jährlichen oder periodischen Erträge während der Einrichtungzeit jener Schlagordnung nach ermitteln und übersichtlich verzeichnen.

In der speziellen Ausführung dieses nur in seinen wesentlichen Grundzügen skizzirten Verfahrens weichen die Anhänger der Methode mehr oder weniger ab; so z. B. in der Wahl der Einrichtungzeit dann, wenn in einer Waldung mehre norm. U. Zeiten neben einander bestünden. Doch stimmen sie meist darin überein, daß in diesem Falle die Einrichtungzeit der vorkommenden höchsten U. Zeit gleichgesetzt werden solle — mit Ausnahme einzeler für viel höheren Umtrieb bestimmter Bestände, welche dann, je nach ihrem gegenwärtigen Alter, in der ersten Einrichtungzeit bei der Fachausstattung entweder zugezogen würden oder nicht. Eine Betriebsklassen-Einrichtung wird aber nicht verlangt, so wenig, wie für abweichende Holz- oder Betriebsarten — sondern höchstens nur eine Klasse für Hochwald und eine zweite für Nieder- und Mittelwald. Bei beiden letztgenannten Betriebsarten, auch wohl dem Hochwaldkahlschlagbetriebe, soll eine Abtheilung in Jahresschläge stattfinden, beim Hochwald-Femelschlagbetriebe dagegen eine Eintheilung nach Periodenflächen, mit 10- bis 20jähr. Länge der Perioden, ohne besondere Rücksicht auf die ungleiche natürliche Verjüngungdauer der verschiedenen Holzarten. — Einige verlangen eine Gleichstellung der Schläge nur nach absoluter Flächengröse; Andere dagegen, und mit besserem Grunde, nach Proportionalität der Standortsgüten. — Von der früheren Vorschrift einer ganz strengen Aneinanderreihung der Schläge ihrer künftigen Altersfolge nach in zusammenhängenden Wäldern ist man schon lange mit Recht zurückgekommen. — Eine Gleichstellung der jährl. oder period. Nutzbeträge in der ersten Einrichtungzeit wird nicht gefordert; sie wäre auch bei abnormen Bestockungverhältnissen in den wenigsten Fällen und nicht einmal annähernd ausführbar, wenn die Gleichstellung der Schlag-Flächen festgehalten werden soll, wie wir gleich näher sehen werden.

§ 19.

b. Würdigung des Flächenfachwerks.

Wir folgen hierbei wieder den in §§ 10 bis 13 vorgezeichneten Rücksichten.

I. Nutzungansprüche der Waldbesitzer und Holzkonsumenten S. 16 ff.

Diese Ansprüche, mindestens in der ersten Einrichtungzeit, vernachlässigt unter allen R. Methoden das Flächenfachwerk am meisten. Die gegenseitigen Verhältnisse zwischen wirklichem und normalem Vorrathe, Zuwachse und Etat zur richtigen Bemessung jener Ansprüche sind ihm völlig fremd. Der Nutzunggang und die zeitliche Vertheilung der Nutzbeträge innerhalb des 1ten Umtriebs hängt bei ihm nicht sowohl von der summarischen Gröse eines vorhandenen Vorraths ab, sondern vielmehr von seiner flächenweisen Vertheilung durch den Wald hin. Denke man sich eine noch so grose Anzahl von Wäldern, welche in allen wesenlichen Verhältnissen — wie in Gröse, Bonität, U. Zeit, wirklichem Vorrathe und Zuwachse, selbst in der Zahl der Alterstufen ganz mit einander übereinstimmten und deshalb auch sammt und sonders bei jedem guten N. Verfahren einen ganz gleich grosen Nachhaltetat während des 1ten Umtriebs abwerfen könnten, welche jedoch einzig und allein darin von einander abwichen, daß in jedem dieser Wälder die Alterstufen einen anderen Flächenraum einnähmen — so würde eine Regelung nach dem Flächenfachwerke eben so viele verschiedene Jahres- oder Perioden-Etats unausbleiblich zur Folge haben. Das Wenige, was diese Methode zur Wahrung der regelmäsigen Nutzunganspruche des Waldbesitzers zu thun vermag, beschränkt sich lediglich darauf, daß sie — in so weit das mit einer regelrechten Schlag-Bildung und Folge vereinbarlich ist — die Bestände ihrer Alterfolge nach zur Ernte zu bringen sucht, wie jede Waldbaulehre, ja schon die gesunde Vernunft vorschreibt.

Einen (ihr ohnehin unbekannten) Vorraths-Ueberschus, mag dieser noch so gros oder klein sein, bringt sie, je nach dessen Vorkommen in den älteren oder jüngeren Beständen und je nach seiner flächenweisen Vertheilung, bald früher bald später, und bald nachhaltig bald nach längeren oder kürzeren Unterbrechungen zur Nutzung und es können dabei zeitweise die Nutzbeträge selbst bei sehr grosem Vorr. plus sogar unter die normale Gröse herabsinken. Steckt zufällig der Ueberschus in den ältesten Schlägen, so wird er zeitig bezogen; steckt er aber zufällig in den jüngeren Schlägen, so kann der Anfang seiner Ernte bis gegen das Ende der U. Zeit hin sich verzögern; steckt er theils hier, theils dort, so geht die Zwischenzeit leer aus. Die Rechte des Waldbesitzers vertrit hier der blinde Zufall.

Nicht besser ergeht es bei einem Vorr. Manko, welches das Flächenfachwerk durchaus gerade in einer ersten Umtriebszeit ausgleichen will, mag diese mehr als ein Säkulum umfassen, wie bei Hochwäldern, oder nur ein Paar Dezennien, wie bei Niederwäldern, mag das Defekt selbst noch so gros sein, der Waldbesitzer in noch so gedrängter Lage sich befinden, die Holzkonsumenten unter der auferlegten Etatsbeschränkung noch so sehr leiden! —

Wäre auch der norm. Vorr. Betrag und mit vollem Zuwachse gerade vorhanden, so wäre damit für einen nachhaltigen Fortbezug eines gleichen jährl. Etats von der norm. Gröse doch nicht das Mindeste gewonnen, so lange die norm. Bestandsalterfolge und Schlagreihe noch fehlte. Und doch unterliegt hier der gleichbaldige und unausgesetzte Fortbezug eines solchen Etats keinem Anstande, wenn man nach Vorschrift für Fall 1 S. 48 verfährt, wobei jedoch auf die untergeordnete völlige Gleichstellung der Schlag-Flächen von vornherein verzichtet werden muß. Dem dort S. 48 zitirten ungünstigsten Beispiele (aus § 48 uns. W. E. R.) unterlag ein zum 100jähr. Umtriebe bestimmter Wald von 1000 Mgn. mit $0_{,5}$ Klft. jährl. Abtriebsdurchschnittzuwachs pro Mgn., daher 500 Klftn. im Ganzen, dermalen durchaus bestanden mit 50jähr. Holze und versehen mit dem norm. Vorrathe von 25000 Klftn. Nach unserer Anleitung konnte hier der norm. 20jähr. Periodenetat $= 20 \times 500 = 10000$ Klftn. gleich von vornherein und nachhaltig fortbezogen werden, vom 2ten 100jähr. Umtriebe an auch fast durchaus in Beständen vom norm. 100jähr. Alter, und es glichen sich nebenbei die Perioden-Flächen, welche zu Ende des 1ten Umtriebs unter sich noch beträchtlich differirten, vom 2ten Umtriebe an zum Normalbetrage hin ($=$ 200 Mgn.) sehr nahe aus. Es ergaben sich nämlich beim Bezuge des norm. Periodenetats von 10000 Klftn. an Periodenflächen

in den 20jähr. Perioden	I	II	III	IV	V	
des 1ten 100jähr. Umtriebs	172.5	250	200	166.7	210.8	Mgn.
des 2ten 100jähr. Umtriebs	201.3	200	197.8	200.2	201.2	"

Dabei wurden in der V Periode des 1ten Umtriebs 14 Jahresetats durch Vorgriffe in die I Periode, d. h. in den in letzter nachgezogenen Bestand, gedeckt und von dem Anfangs vorhandenen 50jähr. Holze erreichte das älteste (zu Anfang der V Periode) nur ein Alter von 136 Jahren.

Das Flächenfachwerk kennt die grundsätzliche Zulässigkeit solcher Vorgriffe in den neuen Vorrath nicht. Es würde die 1000 Mgn. mit 50jähr. Holze unter die 5 Perioden des 1ten Umtriebs zur Nutzung gleich vertheilt, daher jeder Periode 200 Mgn. zugewiesen haben und es wären im 1ten Umtriebe erfolgt

in den 20jähr. Perioden	I	II	III	IV	V	
an Periodenflächen	200	200	200	200	200	Mgn.
an Periodenetats	6000	8000	10000	12000	14000	Klftn.

Es steigen hier die Etats vom Einfachen bis zum Zweiundeinhalbfachen (bei jährlichen, anstatt periodischen, Etats sogar bis zum Dreifachen) und die Nutzunganspüche des Waldbesitzers werden in der ersten Hälfte des Umtriebs sehr verkürzt. Ueberdieß würde das zu Ende der V Periode zum Abtriebe kommende Holz 150jährig, daher 16 Jahre älter, wie im obigen Falle, daher um ebenso viel mehr überständig werden.

Dieser letzte Mißstand macht sich vorzugweise in mit höherem Umtriebe behandelten Niederwäldern geltend, weil solche das ausschlagfähige Alter frühzeitig überschreiten. Zum näheren Nachweise wählen wir ein Beispiel, worin wir eine zum 30jähr. Umtriebe bestimmte Niederwaldfläche von 90 Mgn. mit einem durchschn. jährl. Zuwachse von 0.5 Klft. pro Mgn., daher von $90 \times 0._5 = 45$ Klft. im Ganzen setzen und weiter unterstellen, daß die Fläche jetzt durchaus mit 20jähr. Stockschlag vollkommen bestanden seie. Bei vorhandenem vollem Normalzustande würde jeder der 30 Jahresschläge 90 : 30 = 3 Mgn. halten und beim Eintrit in das 30jähr. Abtriebsalter 3 × 30 × 0.5 = 45 Klft. liefern. Zur Abkürzung der Rechnung theilen wir die U. Zeit in 5 6jähr. Perioden; die Normalfläche jedes Periodenschlags wäre dann 3 × 6 = 18 Mgn. und sein normaler Abtriebsertrag 45 × 6 = 270 Klft.

Behandeln wir vorerst dieses Beispiel nach unseren R. Grundsätzen. Der norm. Vorrath berechnet sich zu 90 × 0.5 × 30 : 2 = 675 Klft., der wirkl. Vorrath zu 90 × 0.5 × 20 = 900 Klft.; es ist daher Vorr. Ueberschus vorhanden von 900 — 675 = 225 Klftn., welcher Ueberschus — als ein todtes Kapital — bald thunlichst über den regelmäsigen Etat hin genutzt werden kann. Wird derselbe von vornherein bezogen, so erhöht sich der Etat der I. Periode auf 270 + 225 = 495 Klft.; für die nachfolgenden Perioden würde der Normaletat von 270 Klft. eintreten.

Demnach würden sein

in den 6jähr. Perioden		I	II	III	IV	V	
des 1ten	die Periodenflächen	20.5	18.6	15.4	13.0	22.5	Mgn.
Umtriebs	die Periodenetats	495	270	270	270	270	Klft.
des 2ten	die Periodenflächen	18.0	17.7	17.7	18.4	18.2	Mgn.
Umtriebs	die Periodenetats	270	270	270	270	270	Klft.

Das vorhandene 20jähr. Holz reicht gerade noch für die IV Periode des 1ten Umtriebs aus und der letzte Rest davon wird 44jährig. Der Etat der V Periode wird durch theilweise Wiederverjüngung der in der I Periode abgeholzten Fläche (welche 43 Mgn. maß) mit durchschn. 24jähr. Holze gedeckt und es findet also auch hier ein Vorgriff in den neuen Vorrath statt. Wir brauchen wohl nicht besonders hervorzuheben, wie bei diesem R. Verfahren, welches den zeitlichen Nutzungansprüchen des Waldbesitzers am vollständigsten genügt, auch der Normalzustand rasch erzielt werde, was sich schon an der annähernden Ausgleichung der Periodenfläche, im 1ten Umtriebe ergibt, noch mehr aber an der im 2ten Umtriebe, worin zugleich der Normaletat auch fast ausschlieslich in Holze von dem normalen Alter bezogen werden konnte.

Behandelt man diesen Wald nach dem Flächenfachwerke, so erhält man im 1ten Umtriebe

in den Perioden	I	II	III	IV	V	
die Periodenflächen	18	18	18	18	18	Mgn.
die Periodenetats	207	261	315	369	423	Klft.

Hier erreicht zwar die summarische Umtriebsnutzung denselben Betrag, wie bei unserem Verfahren; und vom 2ten Umtriebe an erscheint der volle Normalzustand noch etwas schärfer hergestellt. Dagegen bleiben — trotz des vorhandenen ansehnlichen Vorraths-Ueberschusses, welcher bei uns in der I Periode neben dem norm. Etat zur Ernte gelangte — die Etats in den ersten beiden Perioden unter dem Normalbetrage und das Vorr. plus wird vom III Periode an bis ans Ende der V Periode verschleift, während überdieß der letzte Rest vom anfänglichen Bestande 50jährig, mithin 6 Jahre älter als bei uns, wird und um so viel weiter das vortheilhafteste Ausschlagalter überschreitet.

Nichts wäre leichter, als an zahlreichen anderen Beispielen nachzuweisen, wie das Flächenfachwerk die regelmäsigen Nutzunganspruche der W. Besitzer und häufig noch empfindlicher, als in den beiden obigen Fällen, verletze. Eine solche Beeinträchtigung trit ohnehin gewöhnlich dann ein, wenn einzele Bestände mit einem die festgestellte Einrichtungzeit übersteigenden Umtriebe von der Vertheilung in letzter ausgeschlossen bleiben.

Auch ist leicht abzusehen, daß das Prinzip dieser Methode die Berücksichtigung früherer oder späterer auserordentlicher Nutzansprüche nicht wohl gestatte, oder doch nachträglich die dadurch veranlaßten, so wie die durch gewaltsame äusere Zufälle hervorgerufenen, Störungen im W. Normalzustande (oder eigentlich nur in den norm. Schlagflächen!), auf eine ebenso unvortheilhafte Weise auszugleichen verstehe, wie die beim Regelung-Anfange bestehenden Abnormitäten, weshalb ein einsichtvoller

Waldbesitzer gerechtes Bedenken tragen müßte, eine solche Aushilfe anzusprechen, welche ihn mit so schmerzlichen Nachwehen bedroht.

II. Forstwirthschaftliche Rücksichten S. 27 ff.

Nicht anwendbar ist das Flächenfachwerk auf den Femel-, Kopf- und Schneidelholzbetrieb. Es würde auch in den Fällen seinen Dienst versagen, wenn in einem Hochwalde der zeitliche Abgang an mannbaren Beständen die interimistische Einführung des Niedersamenholzbetriebs oder des Hochwaldkonservationbetriebs nöthig machen oder wenn vom Niederwald- in den Hochwaldbetrieb durch den Mittelwaldbetrieb, ohne Aufgebung der Nachhaltnutzung, übergegangen werden sollte.

Ein von vornherein bestehender und über einen grosen Theil des Waldes sich erstreckender beträchtlicher Zuwachsdefekt in Folge unvollkommner Bestände wäre durch einen rascheren Betrieb der Verjüngung dieser Bestände nicht zu beseitigen, ohne zugleich das (gleiche Periodenflächen erheischende) N. Prinzip aufzugeben. Aus demselben Grunde liese sich auch nicht wohl einem Zuwachs-Ausfalle vorbeugen, welcher erst in späterer Zeit drohte, wenn nämlich zwar von vornherein noch frohwüchsige Bestände der Schlagfolge nach weiterhin überständig werden würden, wie das bei dem obigen Niederwaldbeispiele der Fall war. Ueberdieß hat die Herstellung einer ganz regelrechten Schlagflächenbildung nach Gröse, Form und Zusammenreihung gerade innerhalb eines ersten Umtriebs gar häufig in sehr abnorm bestockten Wäldern die nachtheilige Folge, daß zur Erreichung jenes Zwecks gar manche Bestände bald tief unter bald tief über dem vortheilhaftesten Abtriebsalter abgeholzt und verjüngt werden müßten, während diese Opfer theils ganz wegfallen, theils doch sehr ermäßigt werden, wenn die Herrichtung norm. Schlagflächen auf einen längeren Zeitraum, etwa einen weiteren Umtrieb, hin ausgedehnt wird.

Manche Flächenfachwerker wollen zwar bei sehr abnormen Waldzuständen, insbes. bei obwaltendem beträchtlichem Zuwachsdefekte, welcher sich in lückigen, überständigen oder kranken Beständen augenfällig mache, so wie bei einem starken Vorr. Manko, dessen Bestand sie in dem Mangel an vollhaubaren Beständen erkennen — von der, gerade einer ersten vollen U. Zeit entsprechenden, normalen Schlagflächen-Bildung abstrahiren und gestatten in solchen Fällen, die erste Einrichtungzeit für einen zu höherem Umtriebe bestimmten Hochwalde um eine oder mehre Perioden abzukürzen und für diesen kürzeren Zeitraum hin die Schlagflächen nur vorerst provisorisch zu regeln, nach dessen Ablauf aber eine neue definitive Flächenregelung vorzunehmen und diese auf die volle Einrichtungzeit hin auszudehnen. Sogenannte „Musterbeispiele" für die Behandlung derartiger Fälle liefert des Fhn. v. Wedekind „Instrukt. für die Forstbetriebsregulirung" de 1839 S. 86 ff. Sie sind die schlagendsten Belege für den rohen und ungelenken Mechanismus dieser R. Methode, welcher Hr. v. W. huldigt, nicht aber dem komponirten Fachwerke, wie wir — in Folge eines ebenso begreiflichen, wie verzeihlichen Irrthums — früher vermutheten.

III. Herstellung des Waldnormalzustands S. 32 ff.

Er ist das nächste und Hauptziel des Flächenfachwerks, welches ihm alle übrigen Rücksichten unterordnet. In der Regel will es diesen W. Zustand gerade innerhalb **einer** ersten Umtriebs- oder Einrichtungzeit — seie diese zufällig noch so lang oder kurz — voll erstreben, daher in vielmal kürzerer Zeit bei Niederwäldern als bei Hochwäldern, früher bei Erlen, Hainbuchen, Kiefern, als bei Eichen, Rothbuchen 2c, wofür ein rationeller Grund gar nicht denkbar ist. Es kennt keinen anderen Weg zu seinem Ziele, als den durch Bildung gleicher Schlagflächen; es zergliedert nicht den W. N. Zustand in seine einfachen Faktoren und weis daher solche auch nicht einzeln, mit Rücksicht auf ihre relative Wichtigkeit, zu verfolgen, sondern will sie alle zusammen gleichzeitig beschaffen, indem es sich dabei gerade von dem unwichtigsten Faktor — der norm. Bestandsaltersreihe — vorzugweise leiten läßt. Die vortheilhafte Vermittlung des N. Zustand durch den norm. Vorrathsbetrag (Fall 1 S. 48) ist ihm unbekannt. Und dennoch ist es der Erreichung seines mit so enormen Opfern erkauften Zieles nichts weniger als gewiß. Kaum vermeidliche Fehler bei Feststellung der Bonitäten, U. Zeiten, Holzarten 2c, so wie unausbleibliche störende Zufälle von ausenher, wie Verheerungen durch Stürme, Feuer, Insekten, Frevel, ausbleibende oder fehlschlagende Besamungen ꝛc, werden jenes Ziel früher oder später mehr oder weniger verrücken und dann zu neuen unnöthigen Opfern Veranlassung geben. Wollte man aber auch hiervon ganz absehen, so würde schon durch die von allen Flächenfachwerkern versäumte Betriebsklassen-Einrichtung bei vorkommenden gröseren Abweichungen in den norm. U. Zeiten ꝛc der beabsichtigte W. N. Zustand in der Regel ganz und für immer verfehlt werden.

Da eine Etats-Gleichstellung in dem 1ten Umtriebe nicht beabsichtigt wird, so ist hier die Behandlung der Vornutzungen ohne Einflus.

IV. Sicherung und Vervollkommnung der Regelung-Anlage S. 39 ff.

Die Bestellung einer Reserve verlangt das Fl. Fachwerk nicht; sie wäre auch mit seinem Prinzipe nicht wohl vereinbarlich, wenn die Reserve ihre Bestimmung gehörig erfüllen soll.

Zwar hoffte Hr. v. Wedekind eine sogen. fliegende Reserve dadurch beschaffen zu können, daß man den Massegehalt der Mutterbäume in Hochwaldverjüngungschlägen bei der Nachhaltetats-Regelung ganz auser Rechnung liese, welchen Massebetrag er das „Liquidationsquantum" benannte. Wir haben aber schon (W. E. R. S. 91) bemerkt, daß eine solche Reserve nur beim Hochwald-Femelschlagbetrieb möglich wäre, aber weder beim Hochwald-Femel- und Kahlschlagbetriebe, noch bei den übrigen Betriebsarten, dort auch ihre Gröse lediglich vom Zufalle und nicht vom Bedürfnisse abhängig bleibe, überdieß nicht wohl abzusehen seie, wie eine derartige Reserve im Falle der Noth ohne wirthschaftlichen Nachtheil angegriffen und später wieder ersetzt werden solle.

Mit der Eintheilung des Walds in jährl. oder period. Schlägflächen und mit der Bestimmung der Hiebs- und Kulturfolge für die 1te Einrichtungzeit wäre zugleich der generelle Wirthschaftplan fertig. Man hätte dann nur noch seine genaue Befolgung zu kontroliren, nämlich daß die Hiebe, Wiederverjüngungen und künstlichen Kulturen in der vorgesehenen Reihenfolge und auf den bezeichneten Flächen auch pünktlich zum Vollzuge gelangten. Das Aufsuchen und Berichtigen der bei der ersten Einschätzung der späteren Nutzbeträge untergelaufenen Fehler erscheint hier überflüssig, weil das Flächenfachwerk auf eine Gleichstellung der Nutzungen durch die erste U. Zeit hin verzichtet und seinem Prinzipe nach verzichten muß, und eine früher oder später sich ergebende grösere oder mindere Abweichung von den anfänglichen Schatzungergebnissen die vollzogene Schlageintheilung nicht alteriren dürfte. Aus gleichem Grunde könnten auch spätere, durch Nothstand der Waldbesitzer oder Konsumenten veranlaßte, höhere Nutzungansprüche nicht berücksichtigt werden, wie schon oben bemerkt wurde. Die weitere Vervollkommnung der Regelung hätte sich daher nur vorzüglich auf die Beseitigung der bei der ersten Bonitirung eingeschlichenen Irrungen zu beschränken, um die beabsichtigte Gleichstellung der Nutzbeträge durch den zweiten Umtrieb hin möglichst zu sichern, wiewohl die Berichtigung solcher Fehler mit mancherlei Schwierigkeiten und Opfern hier verknüpft wäre. Gleiche und noch grösere Verlegenheiten würden die zumal in Hochwäldern selten ausbleibenden, durch die oben unter III erwähnten äuseren Einflüsse bewirkten, späteren Störungen in schon regelrechten Bestockungverhältnissen bereiten.

Es ist übrigens nicht zu verkennen, daß diese R. Methode, indem sie sich auf gleiche Jahres- oder Perioden-Flächen stützt, eine sehr einfache und anschauliche Grundlage besitzt, welche dem W. Besitzer und Administrator zu einer bequemen Uebersicht des Regelunggangs und der künftigen Waldbestockung-Verhältnisse verhilft. Doch ginge man offenbar darin viel zu weit, wenn man diese Basis als ein ausschliesliches Attribut des Flächenfachwerks betrachten wollte, während dieses nur die ihm eigenthümliche Benutzungweise der Flächen für den Regelungzweck anzusprechen hat. Ihm sind nämlich die Flächen nicht etwa blos Mittel zur übersichtlicheren Darstellung und Sicherung der Ergebnisse einer nach guten Grundsätzen vollzogenen W. E. Regelung, sondern das erste und alleinige Mittel und Material zur W. E. Regelung selbst, was jene Grundsätze ersetzen soll, wiewohl nimmermehr zu ersetzen vermag. Fügt man, wie es sein sollte, den nach anderen und besseren Prinzipien erzielten Regelungresultaten die zugehörigen Waldflächenantheile bei und veranschaulicht man die sich hiernach ergebenden künftigen Bestockungverhältnisse auf der Waldkarte, so gewinnt man ganz dieselbe Uebersicht, wie beim Flächenfachwerk.

Ueberhaupt herrschen unter den Anhängern dieses Fachwerks noch manche sehr sonderbaren Ansichten. So hören wir fortwährend: — den Ansprüchen einer guten W. E. Regelung seie schon vollauf genügt, wenn alle Perioden einer 1ten U. Zeit nur gehörig mit „Flächen gedeckt" erschienen; ein anderer Flächen-Fachwerker will ausdrücklich die wichtige Entdeckung gemacht haben, daß die Flächeneintheilung die Kenntnis des Verhältnisses zwischen wirklichem und normalem Vorrathe entbehrlich mache!*) Derlei Behauptungen beurkunden nur eine ganz mangelhafte Sachkenntnis. Jene „Flächendeckerei" besagt an sich gar nichts; sie ist nur eine rhetorische Floskel, die synekdochische Redefigur, worin pars pro toto, ein Theil fürs Ganze gesetzt wird — nämlich unter Fläche eine mit der nöthigen Holzmasse bestockte Fläche zu verstehen ist, wobei nicht die Fläche, sondern gerade das Holz auf ihr die Hauptsache ausmacht. Da die Bäume nicht, wie die Wolken, in der Luft schweben können, sondern bekanntlich in den Boden festgewurzelt sind, und da die Zahl der Stämme, welche in den verschiedenen Lebensaltern auf einer gegebenen Fläche Raum finden, eine begränzte ist, auch der Boden einen Theil der Holznahrung liefert, so haben die Flächen nur theils als Träger, theils als Miterzeuger der Holzmassen — aber nicht an und für sich — für die W. E. Regelung Werth. Niemand wird behaupten wollen, daß mit den Millionen □ Meilen, welche die Meere, Seen und Flüsse, die holzleeren Wüsten, Waiden, Felder und Wiesen auf unserem Erdballe einnehmen, die Nutzunganspruche einer noch so kurzen Periode eines noch so kleinen Waldeigenthums sich „decken" liesen, weil sie ja das zur Bereitung einer Tasse Kaffee's oder zur Anfertigung eines Kochlöffels erforderliche Holzmaterial nicht liefern würden. Wer also sagt, eine gewisse Waldfläche „decke" die Holzbedürfnisse dieser oder jener Periode, kann vernünftiger Weise nur den verdeckten Begriff damit verbinden, daß auf der Fläche in der betr. Periode auch der verlangte Holzgehalt sich vorfinden werde — — und würde der

*) M. s. v. Wedekinds Jahrb. der Forstkunde, Heft 34 S. 190.

Deutlichkeit gewiß keinen Abbruch thun, wenn er, anstatt (oder doch neben) der Fläche, die Hauptsache — den Holzmassebetrag — angeben wollte. —

Unläugbar nimmt unter allen R. Methoden das Flächenfachwerk die niedrigste Stufe ein; seine mannigfachen und tiefen Gebrechen lassen sich mit pretentiösen Prädikaten, wie „organisch" oder „pragmatisch" nicht einmal verhüllen, viel weniger ausheilen.

C. Das Massenfachwerk.

§ 20.

a. Grundsätzlichkeit desselben.

Sein wesentlichster Unterschied von dem Flächenfachwerk besteht darin, daß es die Periodenfache einer ersten Einrichtungzeit nicht mit gleichen Flächen, sondern mit gleichen Holznutzungen ausstatten will.

Die Einrichtungzeit für schlagweise behandelte Hochwälder, für die es ausschlieslich bestimmt ist, setzt es in gleicher Weise, wie das Flächenfachwerk, fest, mithin eine gemeinschaftliche für noch so viele neben einander bestehenden U. Zeiten und ohne Rücksicht auf Betriebsklassenbildung. Sie wird gewöhnlich in 10- oder 20jähr. Perioden (Fache) eingetheilt. Das Verfahren bei der fachweisen Massevertheilung ist den Hauptgrundzügen nach folgendes.

Man versetzt vorläufig jeden verschiedenen Bestand in das Fach, worin er, seinem gegenwärtigen Alter nach, das normale Haubarkeitalter erreichen wird und wirft unter Beihilfe von Ertragstafeln und unter Berücksichtigung der Bestandsgüte den sich für die Mitte des betreffenden Fachs berechnenden Abtriebsertrag aus, für die übrigen Fache die von diesem oder auch von dem an seiner Stelle nachgezogenen Bestande während der Einrichtungzeit zu erwartenden Durchforstungerträge. (Die Fache werden dabei fortlaufend und so numerirt, daß die Fachnummern zu den jetzigen Holzaltern im umgekehrten Verhältnisse stehen, mithin das mit dem niedrigsten Nr. I bezeichnete Fach zur Aufnahme des ältesten Holzes, das den höchsten Nr. tragende für die jüngsten Bestände und für die vorhandenen und noch erst zu kultivirenden Blösen bestimmt ist, wenn man nicht für letzte noch ein besonderes Fach anhängen will, wie Einige, wiewohl ohne genügenden Grund, verlangen). Doch wird diese Richtschnur des Facheintrags dann nicht strenge befolgt, wenn die Erzielung einer vortheilhaften Schlag-Bildung und Folge es nöthig macht, einzele Bestände in andere (höhere oder niedere) Fächer mit ihrem Abtriebsertrage einzureihen; so wie denn auch sehr unvollkommene jüngere Bestände, deren rasche Verjüngung zur Erzielung eines vollständigeren Nachwuchses räthlich wäre, sogleich dem I Fache einverleibt werden ꝛc.

Die so für die Einrichtungzeit bestimmten sämmtlichen Holznutzungen des betr. Hochwalds werden nun fachweise summirt, die Fachsummen gegenseitig verglichen und wenn solche (wie es bei abnormen Wäldern stets der Fall ist) nicht unter sich gleichstehen, nunmehr eine fachweise Gleichstellung in der Art bewirkt, daß man aus denjenigen Fächern, welche zu viel erhalten, einen angemessenen Theil der Bestände in andere Fächer, welche zu wenig erhalten, versetzt (verschiebt), wobei jedoch direkt aus einem Fache nur in ein unmittelbar vorhergehendes oder nachfolgendes Fach verschoben werden kann, so daß, wenn z. B. ein Manko im letzten Fache durch einen Ueberschus im II Fache ausgeglichen werden sollte, dieß nur in der Art thunlich wäre, daß man eine Bestandsmasse aus dem II. in das III. Fach, dagegen einen anderen Bestand aus dem III. in das IV. Fach u. s. w. versetzte (zurückschöbe), wozu man jedesmal die frohwüchsigeren und jüngeren Bestände zu wählen hätte, wogegen bei dem Verschieben (Vorschieben) in umgekehrter Ordnung, nämlich aus einem späteren Fache in ein früheres, die ältesten und schlechtwüchsigsten Bestände auszuwählen wären — in so weit dieß die gleichzeitige Beachtung einer guten Schlagbildung gestattete.

Die Ausgleichung der Facherträge mittelst derartiger Verschiebungen bleibt aber in der Regel eine sehr mühsame und zeitraubende Arbeit, welche nur durch vielfaches Hin- und Her-Probiren und Rechnen sich vollbringen läßt — darum, weil eine einzige Verschiebung nur aus einem Fache in ein anderes eine Aenderung des summarischen Nutzbetrags, somit wieder weitere Verschiebungen in allen übrigen Fächern nöthig macht, um eine durchgängige fachweise Ausgleichung zu bewirken. Denn zurückgeschobene Bestände werden um so viel älter, wachsen um so viel länger zu und liefern daher einen gröseren Abtriebsertrag, während das entgegengesetzte Resultat bei vorgeschobenen Beständen eintrit. Zugleich ändern sich mit solchen Verschiebungen die Vornutzungerträge in allen Fächern. Noch weit grösere Aenderungen können diese Bestandsversetzungen dann nach sich ziehen, wenn sie solche Bestände treffen, welche mit einer von der allgemeinen Einrichtungzeit abweichenden, niedereren oder höheren, Umtriebszeit behandelt werden, indem sie dann, je nach ihrem jetzigen Alter, bald nur einmal, bald mehrmal oder auch gar nicht, in der ersten Einrichtungzeit zur Hauptnutzung gelangen, des in ihren Vornutzungen eintretenden weiteren Wechsels nicht zu gedenken.

Manche M. Fachwerker wollen, zur Erleichterung der Berechnung, die Gleichstellung der Fachnutzungen blos auf die Abtriebserträge beschränken und die Vornutzungen getrennt behandeln. — Andere verlangen aus gleichem Grunde keine völlige, sondern nur bis auf ein bis zwei Zehntheile zutreffende Gleichstellung der periodischen Nutzbeträge, wobei die zeitlichen Nutzungansprüche der Waldbesitzer ꝛc um gleich viel, mithin sehr bedeutend, beeinträchtigt werden können. Noch Andere fordern, zu Gunsten einer Bevölkerungzunahme, eine Regelung auf von Fach zu Fach einer ersten Einrichtungzeit hin steigende Nutzungen, ohne zu erwägen, daß auch hierbei die Gegenwart verkürzt und der künftigen Generation mehr geschadet als genutzt werden würde, weil nach Ablauf der ersten Einrichtungzeit die Etats wieder um ebenso viel erniedrigt werden müßten. Der Zukunft gebühren nur diejenigen Nutzungerhöhungen, welche durch die Fortschritte der Wissenschaft in der Vervollkommnung des Forstwirthschaftbetriebs hervorgerufen werden, wie schon S. 18 bemerkt.

Wie wir sehen, besteht das vom Massenfachwerke zur Ausstattung der Perioden einer ersten Einrichtungzeit regelmäsig benutzte Material: einmal in dem bei der Regelungvornahme vorhanden gewesenen Materialvorrathe, nebst dem an ihm bis zu seiner suzzessiven Abholzung weiter erfolgenden Zuwachse; sodann in den nutzbaren Durchforstungerträgen aus den während jenes Zeitraums nachgezogenen Beständen. Letzte selbst gehören der nachfolgenden Einrichtungzeit an. Ausgenommen hiervon sind jedoch diejenigen mit niedererem Umtriebe behandelten Bestände, welche in der ersten Einrichtungzeit 2- oder mehrmal ihr normales Haubarkeitalter erlangen und zur vollen Nutzung kommen, so wie andererseite diejenigen mit höherem Umtriebe bewirthschafteten Bestände, welche in der ersten Einrichtungzeit ihr normales Abtriebsalter nicht erreichen, deshalb dieser nur ihre Vornutzungen abgeben, ihren Hauptertrag dagegen an die folgende Einrichtungzeit.

Die fachweisen Regelungergebnisse für die erste Einrichtungzeit — sowohl die der Nutzungbeträge, als auch die der Kulturen — stellt das M. Fachwerk, unter Beifügung der zugehörigen Flächen, im generellen Wirthschaftplane übersichtlich zusammen und veranschaulicht auch wohl den Gang der Abtriebsnutzungen auf der Waldkarte.

Seine Mittel zur Aufrechthaltung und Vervollkommnung dieses generellen W. Plans sind

1. die Aufstellung eines periodischen W. Plans für das erste Fach; er wird nach Ablauf der ersten Periode auf die nächstfolgende zweite ausgedehnt, und gleichzeitig der generelle W. Plan um ein Fach vermehrt. In jenem Plane werden die einzelen Betriebsoperationen — Nutzungen wie Kulturen — nach Zeit, Ort, Art und Betrag spezieller angegeben und zergliedert.

2. Eine fortlaufende Kontrole zwischen Voranschlag und Ausführung, so wie zwischen Schatzung und Ergebnis an Nutzungen des I Fachs, um die störenden Einflüsse fehlerhafter Schätzungen

oder entstandener Abweichungen von den Bestimmungen des period. W. Plans auf den Nutzung-Gang und Betrag für den Rest der Periode beseitigen oder doch ermäsigen zu können.

3. Periodische Revisionen zu Ende jedes Fachs durch alle Theile des Waldes, um unvorhergesehene beträchtliche Störungen im Waldzustande, welche die Einhaltung des generellen W. Plans bedrohen könnten, zu erforschen und ihren Folgen vorbeugen zu können.

§ 21.

b. Würdigung des Massenfachwerks.

I. Wahrung der Nutzungansprüche Seitens der Waldbesitzer und Holzkonsumenten. S. 16 ff.

Ohne Zweifel werden diese innerhalb der 1ten Einrichtungzeit weit besser und regelmäsiger durch das M. Fachwerk gewahrt, als durch das Fl. Fachwerk, dessen rücksichtloses Streben nach gleichen Schlagflächen die Massenausstattung der Einzeljahre oder Perioden eines 1ten Umtriebs nicht von einem vorhandenen Vorraths- und Zuwachsbetrage, sondern von der zufälligen Vertheilung des Vorraths über die Waldfläche hin erwartet. Dieser grose Mißstand fällt beim M. Fachwerke weg, weil es die Gleichstellung der Fachnutzungen im 1ten Umtriebe gerade zu seiner Hauptaufgabe macht und auf eine fachweise Flächengleichstellung verzichtet. Man würde aber sehr irren, wenn man in dieser Etatsausgleichung eine zweckmäsige Erfüllung der regelmäsigen Nutzunganspüche des Waldbesitzers auch nur für den ersten Umtrieb hin erblicken und von den aus dieser Ausgleichung entspringenden nachtheiligen Folgen für die nachfolgenden Umtriebe ganz absehen wollte. Die wahre Gröse dieser Ansprüche kennt das M. Fachwerk nicht; zu ihrer Bemessung fehlen ihm alle nöthigen Anhaltpunkte — die Einsicht in die aus den wesenlichsten Faktoren des W. N. Zustands abgeleiteten gegenseitigen

Verhältnisse zwischen wirklichem und norm. Vorrathe, Zuwachse und Etat. Es beachtet so wenig das Verhältnis zwischen Umtriebslänge und Vorrathsgröse, als das zwischen Zuwachs- und Etats-Betrag, und kennt den Umfang der summarischen Nutzungansprüche einer nachfolgenden U. Zeit so wenig genau, wie den einer vorhergehenden.

Wie bekannt, besitzt ein Ueberschus an Vorrath — über den einer angenommenen vortheilhaftesten U. Zeit entsprechenden Normalbetrag hin — so lange er im Walde stockt, ganz die Eigenschaft eines todten (unverzinslichen) Kapitals; bei der schleunigen Nutzung und Rentbarmachung eines solchen Ueberschusses ist deshalb der Waldbesitzer sehr interessirt. Ihn verschleift jedoch das M. Fachwerk über einen ganzen ersten Umtrieb hin, mag dieser noch so lang oder kurz, der Ueberschus noch so gros oder klein sein. Es beraubt somit den Waldbesitzer um den ganzen Kapitalwerth des Holzüberschusses, läßt ihm nicht einmal den vollen Zinsenbetrag davon, sondern nur einen Theil der Zinsen und selbst den nur für die Dauer des ersten Umtriebs, mit dessen Ablauf auch diese geringe Ausbeute für immer zessirt. Die Gröse dieses jährlichen Zinsenverlustes, welcher (wie gesagt, neben der Einbuse des ganzen Kapitalwerths) während des 1ten Umtriebs, bei Unterstellung eines 5prozent. Zinsfuses, den W. Besitzer trifft, läßt sich aus den Zahlen neben b für die neben a übersetzten Jahre der U. Zeiten ersehen.

a	20	40	60	80	100	120	140	U. Jahre
b	0	50	66.,7	75	80	83.,3	85.,7	Verlust-Prozente an Zinsen.

Hiernach würde er bei einem 20jähr. Umtriebe zwar nur den vollen Kapitalwerth des V. Ueberschusses einbüsen, weil der von letztem genutzte jährl. Theil den Zinsen jenes Kapitals in den ersten 20 Jahren gerade gleich käme; dagegen betrüge allein die jährl. Zinseneinbuse ½ bei 40jähr. Umtriebe, ⅔ bei 60jähr. Umtriebe, ¾ bei 80jähr. Umtriebe ꝛc. Der jährl. Zinsenverlust (so wie auch sein auf die Gegenwart diskontirter summarischer Betrag) steigt sonach mit der Länge der U. Zeiten.

Bei vorhandenem Defekte an Vorrath kommt der W. Besitzer beim M. Fachwerke durchschnittlich schon etwas besser weg, als beim Fl. Fachwerke, weil jenes eine Gleichstellung der jährl. Ersparnisse durch den 1ten Umtrieb hin beabsichtigt. Immerhin bleibt aber auch bei ihm auszustellen, daß es — ohne Rücksicht auf die Gröse des Defekts, die Waldbeschaffenheit ꝛc — die Vorr. Ergänzung gerade von der doch so verschiedenen Länge der Einrichtungzeit abhängig machen will, während in einer unübersehbaren Zahl von Fällen ein längerer oder kürzerer Zeitraum sich als vortheilhafter bewährt.

Die mit der Gegenwart eines norm. Vorraths- und Zuwachs-Betrags gegebene Möglichkeit zum gleichbaldigen und unausgesetzten Fortbezuge des normalen Etats läßt das M. Fachwerk in der Regel schon darum unbenutzt, weil es die der 2ten U. Zeit gebührende norm. Vorrathsgröse nicht kennt, daher auch nicht die in vielen Fällen grundsätzlich indizirte Statthaftigkeit der Vorgriffe in den neuen Vorrath während einer ersten Einrichtungzeit.

Zwar gestattet auch das M. Fachwerk einen derartigen Vorgriff in dem Falle, wenn beim Abschlus des generellen Wirthschaftplans, das letzte Fach ein beträchtliches Manko an Nutzungen, das erste Fach dagegen einen ansehnlichen Ueberschus auswiese, und man vorzöge, jenes Manko — anstatt durch Vornahme von Bestandsverschiebungen vom ersten Fache an bis zum letzten Fache hin — dadurch zu decken, daß man einen Theil der im ersten Fache nachgezogenen Bestände zur abermaligen Verjüngung in das letzte Fach versetzte. Diese Vorgriffe erscheinen aber hier als Akte einer rathlosen Willkühr und entbehren jeder grundsätzlichen Stütze.

In allen den vorerwähnten Fällen können durch das M. Fachwerk neben den regelmäsigen Nutzungansprüchen der ersten Einrichtungzeit zugleich auch die der nachfolgenden Einrichtungzeit verletzt werden, wie das stets der Fall ist, wenn die in der ersten Hälfte der Einrichtungzeit verjüngten Schlagflächen **unter** der normalen Grösse bleiben, weil sich dann der norm. Vorr. Betrag für die 2te Einrichtungzeit nicht anhäufen kann (m. sh. uns. W. E. R. S. 194). In dieser Beziehung steht das M. Fachwerk dem Fl. Fachwerke nach.

Durch beide Fachwerke werden jedoch in allen vorbemerkten Fällen die Nutzansprüche bald der einen bald der anderen Einrichtungzeit mehr oder weniger dann verletzt, wenn die Bestände eines Waldes nicht mit einerlei norm. U. Zeit behandelt werden und werden können — indem beide Fachwerke die Nützlichkeit und Nothwendigkeit der Betriebsklassenbildung nicht anerkennen.

Die Berücksichtigung **auserordentlicher** Nutzansprüche — in so weit die durch sie veranlaßten Ueberhiebe durch nachträgliche Herabsetzung des vorausbestimmten durchschnittlich-jährlichen Periodenetats gerade innerhalb der betreff. Periode sich wieder ausgleichen lassen — ist mit der Regelungnorm des M. Fachwerks (welche nur Uebereinstimmung der **Periodenetats** vorschreibt, jedoch innerhalb jeder Periode mehr Freiheit im Nutzunggange gestattet) ganz gut vereinbarlich. Nur solche Uebernutzungen, deren Folgen die Etats der nachfolgenden Fache alteriren würden, finden keine Billigung, wiewohl nur aus dem Grunde, weil sie einen Umsturz der ersten Regelung und eine Erneuerung derselben für eine weitere Einrichtungzeit nach sich zögen — mithin nur aus Scheu vor dieser allerdings mühevollen **Arbeit**, keineswegs aber der **sachlichen** Konsequenzen halber. Denn da das M. Fachwerk den **normalen** Nachhaltetat eines Waldes gar nicht kennt, so weis es auch nicht zu beurtheilen, ob und in wie weit durch derartige Uebergriffe das normale W. Ertragsvermögen beeinträchtigt werde oder nicht; sie erscheinen ihm nur als unwillkommene und lästige Störungen seines Regelungoperats.

Wollte man (sit venia parabolae!) das M. Fachwerks-Operat mit der Zurichtung eines Butterbrods vergleichen, die Einrichtungzeit als die Brodscheibe und den anfänglichen Massevorrath sammt seinem weiteren Zuwachse als die Butter ansehen — so wäre man befugt zu behaupten, daß das M. Fachwerk das richtige Verhältnis zwischen Butter und Scheibe nicht kenne, indem es eine noch so grose oder kleine Quantität Butter ebenso gut auf die Scheibe eines Kreuzersemmels, wie auf die eines 10pfündigen Brodlaibs aufgestrichen haben wolle.

II. Forstwirthschaftliche Rücksichten S. 27 ff.

Wie schon erwähnt, soll das M. Fachwerk ausschlieslich nur für den schlagweise behandelten Hochwald bestimmt sein; wir glauben deshalb die nähere Prüfung seiner Tauglichkeit für andere Betriebsarten unterlassen zu dürfen.

Eine spätere Umwandlung einzeler Hochwalddistrikte in eine andere Betriebsart, ja schon in eine andere nicht vorgesehene Holzart von abweichendem Umtriebe oder Masseertrage könnte nicht platzgreifen, wenn eine gänzliche Umarbeitung der ersten Regelung für eine neue Einrichtungzeit vermieden werden soll.

Die Einhaltung der angenommenen normalen Bestände-Umtriebe sichert das M. Fachwerk so wenig wie das Fl. Fachwerk, weil auch jenes die Betriebsklassen-Einrichtung unterläßt. Auserdem wird noch durch die selbstständige Behandlung der Fache, die Einhaltung der vortheilhaften Haubarkeitalter solcher Bestände, deren Verjüngungdauer die Periodenlänge übersteigt, theils erschwert theils gefährdet.

Bei den M. Fachwerkern stößt man hier oft auf sehr seltsame Widersprüche. So mußte z. B. der Verf., welcher in einer 6000 Mgn. grosen Gemeindewaldung, wovon der 5te Theil Blöse war, diese Blöse innerhalb weniger Jahre mit Nadelholz kultivirt hatte, von einem berühmten M. Fachwerker das ernstliche Bedenken hören: ob es nicht räthlicher gewesen, den Anbau der Blöse weniger zu beschleunigen, sondern ihn in mehre Perioden zu vertheilen, um somit zu verhindern, daß der angezogene Bestand — — auf einmal haubar würde!!! —

Die Entfernung eines abnormen Zuwachses in unvollständigen oder kranken und überständigen Beständen durch rascheren Betrieb ihrer Verjüngung und durch periodische Erhöhung des Etats widerstrebt dem N. Prinzip dieser Methode, welches die Untersuchung des Verhältnisses zwischen wirklichem und normalem Zuwachse ohnehin nicht verlangt. Theilt der M. Fachwerker dennoch in solchen Fällen, wo ein bedeutender Zuwachsdefekt sich sehr augenfällig macht, grösere Verjüngungflächen und Nutzungen der I Periode zu, so kennt er kein anderes Mittel zur Entschädigung der nachfolgenden Fache, als etwa das schon obengedachte, daß er einen Theil der im I Fache verjüngten Bestände zur nochmaligen Verjüngung in das letzte Fach versetzt, ohne jedoch die Zulässigkeit und den Umfang dieser Maasregel grundsätzlich nachweisen zu können.

Auch von dieser R. Methode haben wir von ihren Freunden darüber viel Rühmens gehört, daß sie die Vorschriften einer guten Waldbaulehre in Bezug auf Schlagbildung, Verbesserung zuwachsarmer Bestände ꝛc weniger vernachlässige, als andere Methoden, was im Vergleiche mit denjenigen Methoden, welche die Ermittelung des Nachhaltetats von einer allgemeinen Rechnungformel erwarten, allerdings theilweise gegründet ist, immerhin aber nur allzubescheidene Ansprüche an ein zweckmäßiges R. Verfahren beurkundet!

III. Herstellung des Waldnormalzustands S. 32 ff.

Ihn würde das M. Fachwerk, wegen versäumter Betriebsklassen-Bildung, in der Regel ebenso gut verfehlen, wie das Fl. Fachwerk. Letztes kennt jedoch wenigstens Einen Weg zu diesem Ziele — in der periodischen Flächenausgleichung — wogegen dem M. Fachwerke alle Faktoren des W. N. Zustands fremd sind. Letztes würde daher auch bei der Einrichtung von Betriebsklassen immerhin darüber in völliger Ungewißheit bleiben, ob und wann der W. N. Zustand eintreten werde; ja diejenigen M. Fachwerker, welche keine Trennung der Vornutzungen von den Abtriebsnutzungen gestatten wollen, würden selbst einen schon vorhandenen W. N. Zustand gar häufig wieder aufheben (§ 12. 3. C. d. S. 37).

IV. Sicherung und Vervollkommnung der W. E. Regelung § 13 S. 39 ff.

Eine Holzreserve verlangt die grösere Mehrzahl der M. Fachwerker nicht. Es wäre auch kaum abzusehen, was eine Reserve dieser Methode, welche keinen N. Vorrath kennt, eigentlich frommen könnte.

Durch die sorgfältige Behandlung der Wirthschaftplane hat sich das M. Fachwerk — nach G. L. Hartig's Vorgang — ein bleibendes Verdienst um das W. E. R. Wesen und den ganzen Forsthaushalt erworben. Die Gründer anderer R. Verfahren haben dieß nicht immer gebührend gewürdigt und befolgt, obschon ihnen darin beizupflichten ist — einmal: wenn sie die (generellen) W. Plane nicht als hauptsächliche oder gar alleinige Norm zur Regelung des Nachhaltetats selbst betrachten wollen; sodann, wenn sie eine einfachere Fassung dieser Plane verlangen, um nöthig werdende spätere Abänderungen an ihnen mit geringerer Mühe vornehmen zu können.

Die bis zu Ende jeder Periode verschobenen Revisionen bezwecken mehr die Aufrechthaltung des ersten R. Entwurfs, insbes. des generellen W. Plans und dessen Ausdehnung auf eine neue Periode, als wie eine (dennoch so nöthige) unausgesetzte gründliche Vervollkommnung und Berichtigung der mehr oder weniger fehlerhaften Grundlagen jenes Entwurfs.

D. Das komponirte Fachwerk, oder das Massen-Flächen-Fachwerk.

§ 22.

a. Grundsätzlichkeit desselben.

Es bezweckt die Vereinigung der beiden beleuchteten Fachwerke in der Weise, daß man vorerst, nach Anleitung des Massen-Fachwerks, eine Ausgleichung der periodischen Massennutzungen einer ersten Einrichtungzeit vornehmen, zugleich aber auch die periodischen Schlagflächen beifügen, letzte sodann ebenfalls fachweise zusammenstellen, gegenseitig vergleichen und bedeutendere Differenzen in den Flächensummen der verschiedenen Perioden durch Bestandsverschiebungen aus einem Fache in das andere wenigstens annähernd zu beseitigen suchen solle. — Da nun aber durch diese nachträglichen Bestandsverschiebungen zur Ausgleichung der Periodenflächen die früher bewerkstelligte Gleichstellung der periodischen Massenetats wieder aufgehoben werden muß, so hielt man die Feststellung eines Maximums zur Begränzung der gegenseitigen Abweichungeu in den Fach-Flächen- und Massen-Beträgen von dem durchschnittl. Normalbetrage beider für nöthig und bestimmte solches auf 0,2 oder 20 Prozente! — In Betreff des Ausgleichungmaterials weichen die Anhänger dieser Methode darin von einander ab, daß bei der Flächenausgleichung Einige nur die absolute produktive Waldfläche, Andere die vorerst auf einerlei Bonität reduzirte aufgerechnet, und daß bei der Massenausgleichung Einige die Vornutzungbeträge zugezogen, Andere aber ausgeschlossen wissen wollen.

Zur Idee einer Verschmelzung beider Fachwerke mußte die gegenseitige Vergleichung der von ihnen gelieferten Resultate und die hieraus gewonnene Erkenntnis der von jeder der beiden R. Methoden gebotenen wesenlichsten Vortheile und Nachtheile ganz von selbst hinleiten. Es bedurfte keines tiefen Scharfblicks, um zu der Einsicht zu gelangen, daß einerseite das Fl. Fachwerk einen noch so abnormen Waldzustand innerhalb einer einzigen Einrichtungzeit beseitigen und den N. Zustand begründen könne, dagegen dieses Ziel in der Regel mit enormen Opfern erringe, nämlich im direkten Gegensatze zum Prinzipe des strengsten Nachhaltbetriebs die Nutzunganspruche während der Uebergangszeit gänzlich vernachlässige und dem Zufalle preisgebe; — daß andererseite das M. Fachwerk zwar diese Nutzunganspruche scheinbar vollkommen jenem Prinzipe gemäs berücksichtige, dagegen über den jemaligen Eintrit des W. N. Zustands in völliger Ungewißheit lasse. Was konnte näher liegen, als die Erwartung, durch die Vereinigung beider Methoden die jeder eigenthümlichen Nachtheile beseitigen oder doch mildern, dagegen ihre Vortheile sich aneignen zu können?

§ 23.

b. Würdigung des Flächen-Massen-Fachwerks.

Eine genauere Prüfung der Leistungen jeder der beiden R. Methoden belehrt uns jedoch, daß, wenn auch die aus der Verknüpfung beider Fachwerke gehofften Vortheile wirklich stets erreichbar wären, durch solche dennoch die Anforderungen an ein gutes R. Verfahren lange nicht zufrieden gestellt werden würden. Wir wissen schon, daß das Fl. Fachwerk bei unterlassener Betr. Klasseneinrichtung einen fehlenden W. Normalzustand nimmermehr zu erzielen vermöge, und daß, auch hiervon abgesehen, es sich nicht rechtfertigen lasse, die Herstellung dieses Zustands nur allein von der so verschiedenen Länge einer ersten Einrichtungzeit in allen Fällen abhängig machen zu wollen, daß vielmehr in unzähligen Fällen die Wahl eines bald längeren bald kürzeren Zeitraums hierfür den dabei entscheidenden Rücksichten weit mehr zusage und daß die Gleichstellung der Schlagflächen an sich nur eine untergeordnete Stelle unter den Hauptmomenten jenes Zustands einnehme; — und wir wissen weiter, daß das Massenfachwerk die Nutzungansprüche bald der ersten, bald der zweiten Einrichtungzeit, bald auch beider zugleich, mitunter sehr beträchtlich, beeinträchtigen könne. — Alle diese Thatsachen führen zu der nahe liegenden Folgerung, daß die Verschmelzung der beiden Methoden, stieße sie auch an und für sich auf keinen Anstand, die gewünschten Vortheile durchaus nicht zu bieten vermöge.

Allein in sehr vielen Fällen weichen die von jedem der beiden Fachwerke gelieferten R. Resultate so weit von einander ab, daß eine Vermittlung derselben selbst innerhalb jener weit gesteckten und ohnehin sehr willkührlich gezogenen Gränzen nicht ausführbar wäre. Einen Beleg dafür liefert das oben S. 70 gegebene Beispiel von einem 1000 Mgn. grosen, jezt durchaus 50jähr., zum 100jähr. Umtriebe bestimmten Buchenhochwald mit einem jährl. norm. Zuwachs von 500 Klftn., daher einem 20jähr. norm. Etat von 10000 Klftn. Wir theilen hier übersichtlich die in einer 1ten 100jähr., in 5 20jähr. Perioden getheilten, U. Zeit sich herausstellenden Ergebnisse nach beiden Fachwerken mit und fügen in der lezten Spalte auch die bei, welche die Behandlung dieses Falls nach unserem Verfahren (nach Fall 1 S. 48) liefert.

Perioden	Flächenfachwerk		Massenfachwerk		Verfahren des Verf.	
	Perioden-Flächen	Perioden-Etats	Perioden-Flächen	Perioden-Etats	Perioden-Flächen	Perioden-Etats
	Mrgn.	Klftr.	Mrgn.	Klftr.	Mrgn.	Klftr.
I	200	600	305.00	9150	172.49	10000
II	200	800	228.75	9150	250.00	10000
III	200	1000	183.00	9150	200.00	10000
IV	200	1200	152.50	9150	166.67	10000
V	200	1400	130.75	9150	210.84	10000

Dieß Beispiel theilten wir schon im J. 1842 im 1. Hft. uns. Beitr. z. Fstw. S. 136 mit, bittend, daß die Freunde des komponirten Fachwerks die Anwendbarkeit des lezten daran nachweisen möchten. Da unserer Aufforderung bis jezt nicht entsprochen wurde*), so müssen wir dieselbe im Interesse der Wissenschaft hier wiederholen. Schon oben S. 70 wurde bemerkt, daß nach unserem Verfahren und beim Fortbezuge des period. N. Etats von 10000 Klftn. die norm. Schlagflächen vom 2ten Umtriebe an sich abgränzten.

*) Einen derartigen Versuch des Hn. O. F. R. von Wedekind (welcher jene Aufforderung zunächst veranlaßt hatte) im 25. Hft. s. N. Jahrb. der Forstkunde, dürfen wir kaum hierher zählen, da derselbe, wie wir im 2ten Hft. uns. Beitr. z. Fstw. gründlichst nachwiesen, ein durchaus verunglückter war, was auch Hr. v. W. selbst, dem 34. Hft. s. Jahrb. nach zu schliesen, vollkommen begriffen zu haben scheint.

4. Die österreichische Kameraltaxation (vom J. 1788).

§ 24.

A. Grundsätzlichkeit derselben.

Auf die Grundlage von Betriebsklassen wird der jährl. Nachhaltetat (= je) einer Klasse durch deren erste U. Zeit (= u) hin bestimmt in der Summe aus dem jährl. norm. Zuwachse (= nz) und aus der durch die U. Zeit getheilten positiven oder negativen Differenz zwischen dem wirklichen und normalen Klassen-Vorrathe (= wv — nv), nämlich

$$je = nz + \frac{wv - nv}{u}$$

Wie man sieht, bezweckt diese Formel zunächst die Ausgleichung eines abnormen Kl. Vorraths bis zum Normalbetrage hin. Sie scheint hiernach zuerst sowohl die Unentbehrlichkeit eines vorhandenen norm. Vorraths für die Einhaltung eines festgestellten norm. Kl. Umtriebs erkannt, als auch in seiner Beschaffung die bequemste und vortheilhafteste Brücke zum Uebergang zum vollen Kl. Normalzustand entdeckt zu haben, was beides den Fachwerken fremd war und — blieb. Ein weiteres Verdienst erwarb sich die Methode zur Eröffnung eines ebenso kurzen wie richtigen Wegs zur Berechnung der Kl. Vorräthe, wobei sie den auf das künftige norm. Abtriebsalter der Bestände bezogenen durchschn. jährlichen Haubarkeitertrag zu Grund legte, nämlich den N. Vorrath $= \frac{uz}{2}$ setzte (§ 6. 3. S. 8), ihn mithin nicht nach Ertragstafeln veranschlagte, überdieß die Vornutzungen nicht einrechnete. Auch fand sie in dem jährl. Klassenzuwachs den rechten Maasstab für den Kl. Normaletat.

Nach einer von achtbarer Seite her dem Verf. neuerdings gewordnen Mittheilung wäre diese, nun nächst 60 Jahre alte, Instruktion (das sogen. K. K. Hofkammer-Normale oder Taxations-Sublimat) ursprünglich nicht für die

W. E. Regelung bestimmt gewesen, sondern zur Veranschlagung der gegenwärtigen norm. Kapitalwerthe der Wälder. Dessenungeachtet bietet sie unverkennbar für jenen Zweck höchst schätzbare Grundlagen dar, denen die von späteren Schriftstellern vorgeschlagenen weit nachstehen. Deshalb müssen wir wiederholt unser inniges Bedauern darüber aussprechen, daß ein wörtlicher Abdruck dieser Instruktion immer noch nicht der Oeffentlichkeit übergeben worden ist, somit die Geschichte eines Hauptzweigs unserer Wissenschaft einer ihrer schönsten Urkunden entbehrt. Unsere mehrseitigen eigenen Bemühungen zur Ausfüllung dieser Lücke haben leider den erwünschten Erfolg nicht gehabt. Dennoch geben wir die Hoffnung nicht auf, daß unser gewiß von vielen deutschen Fachgenossen getheilter Wunsch bei einem der österr. Forstbeamten Erhörung finden werde; und glauben uns zu den loyalen, allem Gemeinnützigen förderlichen Gesinnungen der dasigen Staatsregierung dessen versehen zu können, daß sie die Veröffentlichung der fr. Dienstinstruktion nicht beanstanden werde.

§ 25.

B. Würdigung der österr. Kameral-Taxation.

Der Abgang einer genaueren Bekanntschaft mit Inhalte dieses Werks gestattet uns nicht die Vornahme einer vollständigen Prüfung seiner Tauglichkeit für den Zweck der W. E. Regelung. Wir müssen uns deshalb auf die nachstehenden Andeutungen beschränken, wobei wir eine Vergleichung mit den beiden Fachwerken um so mehr für räthlich erachten, als das Normale gewissermaasen deren beiderseitigen Zwecke, wiewohl in anderer und im Ganzen besserer, Weise vermittelt.

I. Die Nutzungansprüche der Waldbesitzer und Holzkonsumenten (S. 16 ff.) wahrt die Kam. Taxation scheinbar ganz gleichmäßig, wie das Massenfachwerk; sie beabsichtigt ebenfalls eine Gleichstellung der Nutzungen durch eine erste Einrichtungzeit hin. Sie verfolgt jedoch hierbei ein dem M. Fachwerke unbekanntes Ziel — die Beschaffung eines noch fehlenden N. Vorraths — indem sie gleichzeitig die zuvor erforschte Differenz zwischen wirklichem und normalem Vorrathe auszugleichen strebt. Dadurch sowohl, als auch durch ihre Kenntnis des N. Etats, verleiht sie dem Ausgleichungmodus eine gewisse Grundsätzlichkeit, welche dem M. Fachwerke gänzlich mangelt. Vor diesem zeichnet sie sich weiter dadurch vortheilhaft aus, daß sie den Vornutzungen keinen Einflus auf die Vorraths-Ausgleichung einräumt und daß ihr Prinzip die Zulässigkeit grundsätzlich bedingter Vorgriffe in den neuen Vorrath (der folgenden U. Zeit) einschliest. Dagegen kommt sie darin mit dem M. Fachwerke überein, daß sie einen Vorr. Ueberschus ebenfalls über eine volle Einrichtungzeit verschleift und die Ergänzung eines Vorr. Defekts gerade von der Länge eines Umtriebs abhängig machen will. Nur darin steht sie dem M. Fachwerke nach, daß sie den normalen Zuwachs als stets vorhanden unterstellt und deshalb in vielen Fällen die beabsichtigte Vorr. Ausgleichung weit verfehlen kann (m. sh. uns. W. E. Reg. S. 203), während das M. Fachwerk den wirklichen Zuwachs in Rechnung zieht.

II. Die forsttechnischen Rücksichten (S. 27) werden, bis auf eine, durch die Kam. Taxation nicht beeinträchtigt. Letzte akkomodirt sich jedweder Betriebsart und Waldbehandlungweise. — Durch die Vorschrift von Betriebsklassen gab sie zuerst das alleinige Mittel an Handen, sowohl zur Einhaltung der als die vortheilhaftesten anerkannten U. Zeiten, als auch zum nachhaltigen Fortbezug des jährlichen Etats in den bestandsweise rein vorkommenden Hauptholzarten — was beides die sämmtlichen Fachwerke versäumen. — Nur vermissen wir bei ihr die Anleitung zur Untersuchung und rechtzeitigen Entfernung eines durch unvollkommene ältere Bestände veranlaßten Zuwachsausfalls; eine durch beschleunigte Verjüngung derartiger Bestände nöthig werdende zeitweise Erhöhung des Etats würde auch mit dem Prinzipe dieser R. Methode in Kollision gerathen.

III. Für Herstellung und Erhaltung des W. Normalzustands (S. 32) sorgt sie in musterhafter Weise — einmal durch Einrichtung von Betriebsklassen; zum andern durch die vorzugweise Berücksichtigung eines von ihr entdeckten Faktors, des N. Vorraths, welcher den Uebergang zum vollen N. Zustand in der Regel mit den geringsten Opfern für den W. Besitzer vermittelt. Beide Eigenthümlichkeiten sichern ihr den Vorrang vor den übrigen Methoden, vornweg vor den Fachwerken, welche die Betriebsklassen verwerfen, während das M. Fachwerk auch alle andern Erfordernisse des N. Zustands ignorirt, das Fl. Fachwerk dagegen den vollen N. Zustand auf einmal durch den niedrigsten Faktor, die Schlagflächen, zu erringen sucht, unterdeß aber die Ansprüche des strengsten Nachhaltbetriebs bei Seite setzt. — Doch bleibt an der Kam. Taxat. auszustellen, daß sie die übrigen Faktoren des N. Zustands zu wenig speziell beachtet, die Vorrathsausgleichung allgemein auf den Zeitraum eines ersten Umtriebs setzt, auch die Entwickelung des vollen N. Zustands aus dem Bestande eines norm. Vorrathsbetrags, so wie den Zeitpunkt des Eintritts jenes N. Zustands nicht näher nachwies.

IV. Vorschriften zur Sicherung und weiteren Vervollkommnung der ersten Regelung sind uns nicht bekannt und wahrscheinlich auch nicht vorhanden, wenn die Kam. Taxat., wie am Schlusse des § 24 bemerkt, zur W. E. Regelung nicht eigentlich bestimmt war. — Eine Holzreserve verlangt sie nicht. — Nähere Bestimmungen zur Berichtigung der untergelaufenen Fehler bei der ersten Aufnahme der beiden Vorräthe und des norm. Zuwachses, so wie zur Erhebung des künftigen wirklichen Zuwachses, zur Anfertigung von generellen :c Wirthschaftplanen, zur Buchführung werden vermißt.

5. Huber's Reg. Methode*).

§ 26.

A. Grundsätzlichkeit derselben.

Ganz unverkennbar stützt sich diese Methode auf die österr. Kam. Taxation und diente wieder den späteren R. Methoden von Hundeshagen, Karl und Martin zur Basis, wie wir an den betr. Orten nachweisen werden.

Mit der österr. Kam. Tax. kommt die Hubersche darin überein, daß letzte ebenfalls innerhalb einer ersten U. Zeit (= u) eine bestehende Differenz zwischen dem wirklichen und normalen Vorrathe auszugleichen sucht und die summarische Umtriebsnutzung (excl. Durchforstungerträgnisse) gleichstellt dem Umtriebszuwachse ($= u \times z$) $+ wv - nv$; wobei sie ebenfalls den Regelunggang nur durch einen ersten Umtrieb hin, bis zum Eintrit der Vorrathsausgleichung, und nicht des vollen Normalzustands selbst, verfolgt und ebenso den Nachweis schuldet, daß die Gegenwart des N. Vorrathsbetrags die nächste Bedingung des vollen N. Zustands abgebe.

Dagegen weicht sie ab von der österr. Kam. Tax. theils in der Bestimmung des Zuwachses und der Vorräthe, theils in dem Vorr. Ausgleichunggange, verlangt auch keine Betriebsklassen, ertheilt aber genauere Vorschriften über die ganze Behandlung des R. Geschäfts.

Der Umstand, daß diese überhaupt wenig bekannte Methode

---

*) Der K. Bayrische Salinen-Forstinspektor Huber zu Reichenhall theilte schon 1812 die Grundzüge seines Verfahrens seiner vorgesetzten Behörde mit, veröffentlichte solches aber erst 1824 und 1825 in Behlens rc „Zeitschrift für Forst- und Jagdwesen" Bd. II. Hft. 1. 2. 3 (Jahrgang 1824) und Bd. IV. Hft. 1 (Jahrg. 1825) — später in der „Allgem. F. und J. Zeitung" Novemberheft 1832 und Augustheft 1833, wobei er seinen ersten Entwurf näher erläuterte, theilweise auch etwas abänderte.

in unsere „W. E. Regelung" de 1841 nicht aufgenommen, solche überdieß von Hundeshagen (F. Abschätzung de 1826 S. 230 ff.) nicht richtig dargestellt wurde, bestimmt uns, die wesenlichsten Grundzüge derselben hier einzuschalten, bemerken aber im Voraus, daß Huber gleich Anfangs zwei etwas abweichende Verfahren angab — ein mehr summarisches („oberflächiges") und ein „genaueres", auch späterhin an seinen anfänglichen Vorschriften hin und wieder änderte, wie schon unten angedeutet wurde.

I. Vorarbeiten.

1. Holzertragstafeln. — Zur Bestimmung der vortheilhaftesten U. Zeit, zur Bonitirung, zur Erhebung der wirkl. und norm. Zuwachse und Vorräthe empfiehlt Huber, auf die Grundlage zahlreicher praktischer Voruntersuchungen, den Entwurf einer „Normal-Skale" oder Tafel (für die höchste Bonität?), worin der Massegehalt, der durchschn.-jährl. und periodische Zuwachs (mit und ohne Zwischennutzungen) pro Morgen von 10 zu 10 Jahren durch eine ganze U. Zeit hin für jede vorkommende Hauptholzart angegeben werden sollen, um nach dieser Skale die Massengehalte und Zuwachse anderer Bestände, nach Maasgabe ihrer Alter, auf jeder beliebigen Standortsgüte ermitteln zu können (m. s. unten Zif. 4. 6. 7).

Zur Anfertigung der „Normalskale" betrat H. einen ganz originellen Weg, indem er in älteren Beständen Probemorgen nahm, aus sämmtlichen prädom. Stämmen darauf nach der geometrischen Schaft-Durchschnittstärke in Brusthöhe einzele Modellstämme auswählte, deren Alter, Dimensionen und Massegehalte untersuchte und auserdem durch Zergliederung und innere Analysirung dieser Stämme die Dimensionen und Massegehalte derselben in ihren früheren Lebensstufen, um auf diese Grundlagen hin, und bei Unterstellung eines konstanten Verhältnisses zwischen Schaft- und Kronen-Durchmesser, die auf der Probefläche in jeder der vorderen Lebensstufen des Bestands vorhanden gewesene Stammzahl und deren Massegehalt (selbst incl. Vornutzungen) abzuleiten. Ein oder einige solcher älterer Modellstämme lieferten ihm somit das Material zur Aufstellung einer vollständigen Zuwachsskale durch alle Bestandsalterstufen hin. So scharfsinnig dieses Verfahren (welches, mit einigen Abänderungen, später von Hn. Smalian u. A. aufgenommen wurde) auch an und für sich ist, so verspricht es doch keine brauchbaren Resultate, wie wir an einem anderen Orte nachzuweisen gedenken. — Immerhin müssen wir das Verdienst anerkennen, welches Huber sich erwarb um eine zweckmäßige formelle Konstruktion der Zuwachstafeln, um die Erforschung des Zuwachsgangs der Einzelstämme und durch die Entdeckung, daß der höchste Durchschnitt=Zuwachs („der tropische Punkt des Massezuwachses") weit frühzeitiger eintrete, als man vorher dachte und jetzt noch annimmt. [Man vergl. Tab. L in IV. 1. *)]. — Die nähere Darstellung seines, allerdings etwas umständlichen, Verfahrens bei der Sammlung und Benutzung des Materials für seine Normalskale suchte Huber durch eine Reihenfolge tabellarischer Uebersichten (II. 2. 3 und IV. 1) zu veranschaulichen, was bei der Neuheit seiner Manipulationen und dem damaligen Mangel an Hilfmitteln für eine genaue Aufnahme von Probebeständen ꝛc nicht wohl zu umgehen war. Wenn aber Hundeshagen (Forstabschätz. S. 232) aus der Zahl dieser Tabellen einen nachtheiligen Schlus auf die Klarheit der theoretischen Grundlagen des Huberschen Regelungverfahrens ziehen wollte, so scheint uns dieser Vorwurf keineswegs gegründet. Daß sich die wesenlichen Grundzüge der Huberschen Anleitung zur Anfertigung der Normalskale auf kleinem Raume und ohne Tabellen verständlich geben lassen, dürfte aus der Darstellung auf S. 161 und 162 uns. W. E. Regelung ersichtlich sein. Ueberdieß besteht gar kein nothwendiger Zusammenhang zwischen der Huberschen Normalskale und seiner Etatsregelung. Die Grundlagen der letzten würden durch die Anwendung einer anderen Zuwachstafel keine wesenlichen Aenderungen erleiden; und jene hat Huber in einer einzigen Uebersicht (II. 3. C für das „oberflächige" Verfahren, und IV. 1. G für das „genauere") so einfach und doch so klar dargestellt, daß jeder mit den nöthigen Vorkenntnissen im W. E. R. Wesen Ausgerüstete sich auch ohne die von Huber beigegebene bündige Erläuterung der beiden Beispiele wohl zurecht finden würde.

2. Waldvermessung. — Dabei soll der nicht produktionfähige Waldboden ausgeschieden, und wieder von dem produktiven der nicht bestandene Theil gesondert, und der ganze Wald in „Wirthschaftbezirke" von nicht über 2000 bayr. (2700 preuss.) Mrgn. abgetheilt werden. Doch empfiehlt H. mit Recht auch kleinere Abtheilungen. Der Wechsel der Bonitäten wäre bei der W.

*) Diese und die nachfolgenden Zitate beziehen sich auf die betr. Bände und Hefte der in voriger Note benannten Behlenschen Zeitschrift.

Vermessung nicht zu berücksichtigen, indem später für jeden W. Bezirk seine Durchschnittbonität ermittelt werden soll, was jedoch bei so grosen Abtheilungen für den praktischen Betrieb sehr nachtheilige Folgen haben könnte.

3. Die Bonitirung selbst geschieht entweder nach den Ergebnissen der Holzaufnahmen auf Probeflächen (Z. 7), oder — für das „oberflächige" Verfahren — durch Vergleichung mit anderen Beständen und in beiden Fällen auf die Basis der Normalskale hin (II. 2. S. 16 und 17).

4. Die normalen Umtriebszeiten werden Bezirksweise festgestellt und mit Hinsicht auf den gröseren Nutzwerth älteren Holzes um die Hälfte höher gegriffen, als die aus der N. Skale ersichtliche Eintrittzeit des grösten Durchschnitt-Zuwachses. Fiele letzter z. B. in das 70. Jahr, so soll die norm. U. Zeit = 70 + 70 : 2 = 105 Jahre sein, oder vielmehr 104 oder 108, damit die Zahl durch 4 ohne Rest theilbar wäre (Z. 5), es auch auf einige Jahre auf oder ab nicht ankäme.

Bei diesem sehr willkührlichem Verfahren muß es befremden, daß Huber (II. 2. S. 18 — 20) so sehr dagegen eifert und sachliche Nachtheile davon besorgt, wenn man in den norm. Umtrieb den Zeitraum, welcher vom Anhiebe bis zum gänzlichen Abtriebe eines Hochwald-Verjüngungschlags verfliest, mit einrechnet. Auch übersah er, daß seine fliegende Reserve (§ 27. IV. 1. S. 105) nothwendig eine Umtriebserhöhung nach sich ziehen müßte.

Die Einrichtung von Betriebsklassen nach Verschiedenheit der angenommenen norm. U. Zeiten verlangt jedoch Huber nicht, und er weicht auch hierin von der öster. Kam. Taxation ab.

5. Periodenbildung. — H. theilt die U. Zeit in 4 gleichlange Perioden ein — zunächst für den Zweck der Vorraths- und Zuwachs-Berechnung (Z. 6 und 7); denn die Regelung des Nachhaltetats geschieht immer nur auf 10 Jahre hinaus (sh. unten II. S. 102).

6. Die Vorraths-Ermittelung verlangt er nur für die

wirklich bestockte Fläche, bei gemischten Beständen mit Rücksicht auf die vorkommenden Hauptholzarten.

A. Den **normalen** Vorrath veranschlagt er in der Art, daß er jeder der 4 Umtriebsperioden (Z. 5) ¼ der bestockten Waldfläche zutheilt, diese Periodenflächen mit Holz von dem **mittlen** Alter der Periode voll bestockt sich denkt und ihren Massengehalt nach dem Ansatze in der Normalskale für diese Alter berechnet, jedoch mit den nöthigen Ermäßigungen dieser Ansätze für etwa vorkommende geringere Standortsgüten (sh. unten B. b.)

Gesetzt: die mit 120jähr. Umtriebe behandelte bestockte Waldfläche hielte 1000 Mgn., so kämen auf jede der 4 30jährigen Perioden 250 Mgn. und die 4 Holzalterstufen für die **Mitte** der Perioden wären 15, 45, 75 und 105 Jahre. Wiese nun die N. Skale für diese Altersstufen 10, 40, 70 und 90 Klftr. Bestandsmasse pro Mgn. nach, so würde sich der N. Vorrath des Waldes berechnen zu 250 (10 + 40 + 70 + 90) = 52500 Klftn., Falls der Wald durchgängig die der N. Skale zu Grunde liegende Bonität besäße.

B. Zur Erhebung des **wirklichen** Vorraths eröffnet er — je nach dem Grade der beabsichtigten Genauigkeit — einen zweifachen Weg.

a. Beim „oberflächigen" Verfahren soll man die vorhandenen Bestände ihrem gegenwärtigen Alter nach in die 4 Perioden vertheilen, dann aber, ohne Rücksicht auf die speziellen Altersverschiedenheiten, unterstellen, alle einer Periode zufallenden Bestände besäßen gerade das **mittle** Alter der Periode, und nach diesem auf die Grundlage der N. Skale den sämmtlichen Massevorrath berechnen, jedoch mit Beachtung des Mischungverhältnisses bei gemischten Beständen.

Wir brauchen wohl kaum hervorzuheben, daß bei diesem Verfahren sehr bedeutende Fehler unterlaufen können; — einmal, wenn das **wahre geometrische Durchschnittalter** aller einer Periode zugewiesenen Bestände von dem für sie angenommenen mittlen Periodenalter sehr abweicht; — sodann, wenn die Bestände in Folge entweder von abweichender Standortsgüte oder von unvollkommener Bestockung nicht den sich nach der N. Skale berechnenden Massegehalt besitzen und besitzen können.

b. Beim „genauen" Verfahren soll wenigstens bei älteren Beständen deren Massegehalt auf Probeflächen schärfer untersucht werden. Wiese der Quotient aus dem (zugleich erhobenen) Alter eines Bestands in seinen Massevorrath einen geringeren durchschn. jährl. Zuwachs nach, als den, welchen die N. Skale für das betr. Alter angibt, so soll hiernach die Zuwachs-Skale für den betr. Bestand durch alle seine Alterstufen moderirt und dieser berichtigte Zuwachs auch bei Berechnung des normalen Vorraths zu Grunde gelegt werden.

Auch hierbei sind bedeutende Irrungen unvermeidlich, schon darum, weil mit den Standortsgüten nicht blos der Betrag, sondern auch der Gang des Zuwachses durch die Altersstufen hin merklich wechselt — des weiteren Einflusses von Seiten der hier nicht beachteten Bestandsgüten nicht zu erwähnen.

Der von Huber betretene Weg zur Veranschlagung der beiden Vorräthe hält das Mittel zwischen dem von der östert. Kam. Taxation und dem später von Hundeshagen und A. eingehaltenen. Denn während die Kam. Taxation der Berechnung des N. Vorraths nur den aus einer einzigen Alterstufe — dem norm. Umtriebsalter — abgeleiteten Abtriebs-Durchschnittzuwachs unterlegt, Hundeshagen 2c dagegen den N. Vorrath auf die volle Stufenreihe einer jahrweise gegliederten Ertragstafel basirt — so wählt Huber dazu nur 4 Alterstufen, und er würde bei etwas mehr Sorgfalt in der praktischen Ausführung bessere Ergebnisse erzielen, wie Hundeshagen.

7. Zuwachs-Ermittlung. — Huber verlangt dieselbe ebenfalls nur für die wirklich bestockte Fläche und auch hierbei die Beachtung des zusammengesetzten Zuwachsverhältnisses maasgäblich der in Mischbeständen vorkommenden Holzarten.

A. Den W. Normal-Zuwachs berechnet er in ähnlicher Art, wie den N. Vorrath (Z. 6 A.), indem er jede der 4 gleichen Periodenflächen durch den ihrer Periode entsprechenden Durchschn.-Zuwachs der N. Skale (jedoch mit den nöthigen Ermäßigungen für vorkommende geringere Standortsgüten) multiplizirt und die 4 Produkte summirt. Er muß hierbei so ziemlich dieselben Resultate erlangen, wie die Kam. Taxation, Hundeshagen 2c bei ihren scheinbar sehr abweichenden Verfahren, in Folge der § 7. 1 S. 9 angegebenen Wachsthumsgesetze (m. sh. Allgem. F. u. J. Zeit. de 1833 Augustheft S. 399 u. 402). Eine grösere Differenz kann jedoch bei der Huberschen Berechnung veranlassen theils die Anwendung seiner N. Skale auf abweichende Standortsgüten (sh. oben Z. 6 B. b), theils die versäumte Bildung von Betriebsklassen.

B. Den wirklichen W. Zuwachs veranschlagt Huber

a. bei dem „oberflächigen" Verfahren gar nicht, sondern er unterlegt der Etatsregelung den normalen Zuwachs (II. 3. Tab. C) und verfällt daher in die schon an der Kam. Taxation gerügten Inkonsequenzen;

b. bei dem „genaueren" Verfahren bringt er den laufendjährlichen Zuwachs in Rechnung, welcher sämmtlichen Beständen, ihrer Periodenabtheilung gemäs, nach der N. Skale innerhalb der nächsten 10 Jahre zukommt, ohne jedoch dabei die nöthigen Abzüge für unvollkommene oder kranke Bestände anzuempfehlen. Bei der fortwährenden Veränderlichkeit des laufendjährlichen Zuwachses leuchtet von selbst die Nothwendigkeit ein, den Zuwachs nach Ablauf jedes Dezenniums wieder von Neuem zu regeln, so wie, daß diese Art Zuwachsberechnung die Vorausbestimmung einer Hiebsfolge auf längere Zeiträume hin sehr erschwert, ja kaum zuläßt.

II. Etats-Regelung. — Sie soll jedesmal nur auf ein Dezennium hin geschehen und nach dessen Ablauf erneuert werden. — Wir haben hier wieder das „oberflächige" Verfahren von dem „genauen" zu unterscheiden und halten uns vorerst blos an den Hauptetat, ausschlieslich Zwischennutzungen.

8. Beim „oberflächigen" Verfahren erhält Huber, wie schon Eingangs bemerkt, ganz denselben summarischen Nutzbetrag für einen ersten Umtrieb, wie die Kam. Taxation, nämlich $u \times nz + wv - nv$, wenn man von den Störungen absieht, welche die unterlassene Betriebsklassen-Einrichtung nach sich zieht, geräth aber auch auf die bei der Kam. Taxation bezeichneten

Abwege, wenn der wirkliche Zuwachs von dem normalen ansehnlich abweicht.

Dagegen verlangt Huber nicht, wie die Kam. Taxation, eine gleiche Vertheilung der Nutzungen durch die erste U. Zeit hin, sondern nach ihm soll die Ausgleichung eines Vorr. plus oder minus stets nach einer fallenden arithmetischen Reihe erfolgen. Diese Reihe bestimmte er in zweierlei Weise — zuerst (II. 2. S. 30 u. 31 Anmerk.) in der Art, daß man die zu Anfang des Umtriebs bestehende Differenz zwischen wv und nv durch den vierten Theil der U. Zeit theilen, den so erhaltenen (positiven oder negativen) Quotienten zu nz addiren und diesen Etat 10 Jahre lang beziehen, dann aber den verbleibenden Rest von wv — nv abermal durch $\frac{u}{4}$ dividiren, diesen neuen (aber kleineren) Quotienten wieder 10 Jahre lang neben nz fortnutzen und dieselbe Operation alle 10 Jahre erneuen soll, damit die anfängliche Vorr. Differenz bis zu Ende des Umtriebs ausgeglichen wäre. — Später aber (Allgem. F. u. J. Zeit. 1833, Augustheft S. 399) gab H. einen kürzeren Weg zur Konstruktion der Etatsreihe an, wobei er die Differenz der Periodenglieder = 1 setzte. Angenommen z. B. der Umtrieb umfaßte 120 Jahre, so wäre die Zahl der Glieder (= 10jähr. Perioden = p) = 120 : 10 = 12 und die Summe aller Glieder wäre = 12 + 11 + 10 + ... + 2 + 1 = (12 + 1) $^{12}/_{2}$ = 78, demnach der Etat

für die I Periode = $p \times nz + (wv - nv)\,^{12}/_{78}$;
" " II " = $p \times nz + (wv - nv)\,^{11}/_{78}$ u. s. w.; und
⋮
" " XII " = $p \times nz + (wv - nv)\,^{1}/_{78}$.

Einen Grund für diesen Gang der Vorr. Ausgleichung theilte Huber nicht mit. Doch könnte die Ausgleichung in der Wirklichkeit den vorgezeichneten Weg darum nicht einhalten, weil bei der Huberschen Berechnungart des wv dessen Betrag von Periode zu Periode sich ändert.

9. Beim „genauen" Verfahren hält H. denselben Nutzunggang ein, mit der einzigen Abänderung, daß er für nz den nach Zif. 6 B. b erhobenen wirklichen Zuwachs, welcher zu Anfang jeder 10jähr. Periode von neuem ermittelt wird, substituirt.

10. Zu diesen Haubarkeit-Etats fügt H. noch die Vornutzungen, deren Betrag entweder nach Ertragstafeln oder nach Probeuntersuchungen veranschlagt werden soll.

11. Die Anfangs vorhandenen Blösen zieht H. bei Berechnung der beiden Vorräthe und Zuwachse und bei der Etatsregelung erst nach ihrem erfolgten Anbaue zu, wie das bei allen nachfolgenden R. Methoden der Fall ist.

12. Auf die von ihm vorgeschlagenen Maasregeln zur Sicherung und Vervollkommung der Grundlagen der ersten Regelung werden wir im nächsten § zurückkommen.

§ 27.

B. Würdigung der W. E. Regelung nach Huber.

I. Nutzungansprüche der Waldbesitzer und Holzkonsumenten S. 16 ff.

Durch die fallende Reihe, in welcher die Ausgleichung eines Vorr.-plus oder minus erfolgen soll, werden diese Ansprüche bald besser, bald schlechter als bei der Kam. Taxation befriedigt; — besser bei einem vorhandenen Vorr. plus, weil davon von vornherein grösere Quoten bezogen werden; — schlechter dagegen bei einem Vorr. minus, weil die Nutzungen von vornherein am kleinsten ausfallen. Wir haben weiter auszustellen, daß in beiden Fällen die Vorr. Ausgleichung wieder gerade an die Länge einer U. Zeit gebunden bleiben soll; daß — in Folge der von Huber beliebten Veranschlagungweise des wirklichen Vorraths und Zuwachses — der Nutzunggang durch den ersten Umtrieb hin bedeutenden Schwankungen unterliegt und sich auf weiter, als eine Periode hinaus, nur sehr mühsam und unsicher vorherbestimmen läßt. — Vor den Fachwerken hat diese Methode voraus, daß sie, wie die nachfolgenden Methoden, erlaubte Vorgriffe in den neuen Vorrath gestattet und durch getrennte Behandlung der Vornutzungen den Hauptetat schärfer sondert.

II. Forstwirthschaftliche Rücksichten S. 27 ff.

Wie es scheint, beschränkte H. sein Verfahren zwar allein auf Hochwälder; seiner Anwendung auf andere Betriebsarten würden jedoch keine besonderen Hindernisse entgegenstehen.

Eine der schwächsten Seiten der Methode liegt offenbar in der unterlassenen oder doch sehr mangelhaften Ermittelung und Beachtung des wirklichen Zuwachses, insbes. eines schon gegenwärtigen oder erst später drohenden beträchtlichen Zuwachsausfalls. Selbst das „genauere" Verfahren leistet hier wenig, während das „oberflächige" ganz in den Fehler der Kam. Taxat. verfällt. Letzte sorgt dagegen besser wenigstens für die künftige Einhaltung der norm. Haubarkeitalter der Bestände durch die Bestellung von Betriebsklassen, welche H. nicht vorschreibt. Aus diesem Grunde würde er auch

III. den vollen W. Normalzustand (S. 32 ff.) in einem mit verschiedenen Umtrieben bewirthschafteten Walde nicht erreichen. Ohnehin berücksichtigt er — gleich der Kam. Taxat. und den nachfolgenden Methoden — nur einen der Faktoren dieses N. Zustands — den norm. Vorrathsbetrag — ohne den näheren Nachweis zu geben, daß und wann durch solchen der volle N. Zustand vermittelt werde. — Was

IV. die Mittel zur Sicherung und Vervollkommnung der vorgenommenen E. Regelung betrifft, so verlangt Huber

1. die Begründung einer Holzreserve in der Art, daß an dem aufgenommenen wirklichen Vorrath jedesmal der Betrag eines 2- bis 3jähr. Waldzuwachses abgezogen und für jenen Zweck auser Rechnung bleiben soll (II. 1. S. 64; II. 2. S. 29; IV. 1. S. 58). Er übersah dabei, daß der Fortbestand einer solchen

Reserve nothwendig zu einer verhältnismäsigen Erhöhung der angenommenen U. Zeit hinführen müßte und daß man einfacher den beabsichtigten Zweck durch angemessene Erhöhung des norm. Umtriebs erreiche (sh. oben § 16. IV. 1. S. 61).

2. Den Entwurf eines 10jähr. periodischen Nutzungplans, welcher am Ende jeder Periode für einen gleichen Zeitraum erneuert werden soll, unter Zuziehung der mittlerweile kultivirten Blösen, welche vorher bei der Etatsregelung nicht in Aufrechnung kamen. — Dagegen würde der gleichzeitige Entwurf eines gründlichen generellen Nutzungplans durch alle Perioden eines Umtriebs hin bei der von Huber eingehaltenen Berechnungweise des wirklichen Vorraths und Zuwachses ebenso wenig ausführbar sein, als bei den Verfahren nach Hundeshagen, Karl, Martin ꝛc. Wir halten das für einen grosen Mißstand (§ 16. IV. 2 S. 61).

3. Eine unausgesetzte Retaxation, so daß alljährlich auf 1/10 der Waldfläche ein „Materialumsturz" vorgenommen werden sollte und am Ende jeder Periode der ganze Wald retaxirt wäre. Jederzeit sollten aber ein oder einige ganze Wirthschaftbezirke zur Retaxation gelangen (II. 2. S. 32 und 33, wo Huber die Nützlichkeit und Nothwendigkeit dieser Operation für die Regelungsicherung bündig und richtig nachwies.)

Der Vorwurf Hundeshagen's (Forstabschätzung S. 233): „daß Huber von dem Umsturz der Massevorräthe nur gelegentlich rede und ihn nicht als erstes Bedingnis voraussetze" — ist daher ganz ungegründet; nicht weniger seine weiteren Ausstellungen daselbst über die kurze Giltigkeit des Huber'schen Etats, über seine Behandlung der Blösen ꝛc. Diese Rügen treffen sein eigenes (Hundeshagen's) Verfahren in gleichem, ja theilweise noch in höherem Grade.

6. Hundeshagen's R. Methode.

§ 28.

A. Grundsätzlichkeit derselben.

Die zuerst (1826) vollständiger mitgetheilten Grundzüge seines Verfahrens hat Hundeshagen späterhin mehrfach abgeändert, so daß eigentlich 4 wesenlich abweichende Modifikationen desselben vorhanden sind, wie wir im 1. Hft. uns. Beitr. z. Forstw. näher erörtert haben. Auf diesen Nachweis müssen wir hier Bezug nehmen, weil eine wiederholte Ausführung dieser Materien zu viel Raum einnehmen würde.

Ganz unverkennbar stützt sich das Hundeshagensche Verfahren theils auf die östern. Kam. Taxation, theils auf die Hubersche Methode.

Mit beiden kommt jenes darin überein, daß es ebenfalls die Ausgleichung einer vorhandenen Differenz zwischen wv und nv als die Hauptvermittlerin eines fehlenden W. Normalzustands betrachtet (ohne jedoch die Wirkungen dieses Mittels für jenen Zweck bis zum Endziele hin zu verfolgen) und daß Hundeshagen gleichfalls eine getrennte Behandlung der Vornutzungen verlangt;

der Kam. Tarat. allein schliest er sich an durch die Einrichtung von Betriebsklassen, durch die Nichtbeachtung des wirklichen Zuwachses, durch Unterlassung einer Reserve;

dagegen folgt er den Huberschen Vorschriften in der Behandlung der Blösen und in der Annahme 10jähr. Perioden, und er nähert sich auch in der Veranschlagung der beiden Vorräthe und in dem Gange der Vorr. Ausgleichung den Huberschen Resultaten.

Die Materialvorräthe berechnet er nämlich ebenfalls auf die Grundlage von Holzzuwachstafeln, verlangt aber von letzten nicht, wie Huber, blos eine einzige für jede Holz- und Betriebsart, sondern deren mehre — für die vorkommenden Hauptbonitätstufen;

sodann in jeder dieser Tafeln wieder eine jahrweise Gliederung der Holzmassen-Stufen pro Mgn. durch die ganze U. Zeit hin (und nicht in 10jähr. Stufen, wie Huber). Die Benutzung dieser seiner Tafeln zur (klassenweisen) Aufnahme der normalen und wirklichen Vorräthe würde nun zwar allerdings genauere Resultate versprechen, als das Hubersche Verfahren; allein einmal ist die Anfertigung so vieler und so detaillirt ausgeführter Tafeln höchst mühsam, ja vorerst noch gar nicht ausführbar; sodann würden selbst die hiernach erhobenen und noch so genau mit der Wirklichkeit übereinstimmenden Vorräthe denen, welche man nach Anleitung der Kam. Taxation auf die Grundlage des von dem künftigen Abtriebsertrage abgenommenen Durchschnittzuwachses viel einfacher berechnet, für den E. Regelungzweck doch immerhin weit nachstehen (m. s. oben § 6. 3 S. 8).

Die Erkenntnis der unbesiegbaren Hindernisse, welche dem Entwurfe solcher Ertragstafeln, zumal für die jüngeren Bestandsstufen, so wie ihrer Anwendung beim Einschätzen der beiden Vorräthe entgegen treten, bewog wohl zunächst H. zu dem Vorschlage, alle Bestände unter dem Mannbarkeitalter bei der Ermittlung sowohl der normalen als auch der wirklichen Kl. Vorräthe ganz auser Rechnung zu lassen. Die Befolgung dieses Raths würde aber offenbar zu weit mangelhafteren Ergebnissen führen, als selbst das „oberflächige" Verfahren Huber's. (M. sh. auch uns. Beitr. z. Fstw. Hft. 1 S. 56 ff.).

Wenn, wie oben bemerkt, Hundeshagen mittelst vorerwähnter Hilfmaterialien zu ähnlichen Etats-Ergebnissen gelangte, wie Huber, so geschah dieß doch auf einem ganz anderen Wege. Hundeshagen betrachtete nämlich die gegenseitigen Verhältnisse zwischen den beiden Vorräthen und Etats nicht mit Huber als arithmetische, sondern als geometrische; er schlos nämlich: daß in demselben geometrischen Verhältnisse, in welchem der Normalvorrath nv zu dem Normaletat ne stehe — auch der wirkliche Vorrath wv zu dem (unbekannten und zu ermittelnden) wirklichen Etat x stehen müsse — nämlich

$$nv : ne = wv : x,$$

woraus $x = \frac{ne}{nv} \times wv$ folgt. Betrachten wir die beiden Etats-Faktoren $\frac{ne}{nv}$ und wv etwas näher.

Den konstanten Faktor $\frac{ne}{nv}$, womit wv multiplizirt werden soll, um den jährl. Etat für eine nächste 10jähr. Periode zu erfahren, benannte Hundeshagen das Nutzprozent. Die Gröse des zeitlichen Etats beruht begreiflich in der Gröse der beiden Faktoren.

Die Gröse des Nutzprozents richtet sich hauptsächlich nach der wandelbaren Gröse des Bruchnenners nv, weil der Zähler ne (welcher zugleich mit dem jährl. norm. Waldzuwachse und auch mit dem Holzgehalte des ältesten norm. Jahresschlags übereinstimmt; sh. oben § 7. 1. S. 9) weit weniger sich ändert, oder doch gleichmäsig mit dem Nenner nv, und dann der Bruchwerth derselbe bleibt. — Am meisten influirt nun auf den Betrag von nv die norm. Umtriebslänge, zu welcher jener in ziemlich geradem Verhältnisse steht (§ 6. 2); nächstdem und bei einerlei U. Zeit wieder der von Holzart, Betriebsart und Standortsgüte abhängige Zuwachs-Gang durch die Bestandalterstufen hin, weil bei einer rascheren Entwickelung der Bestände von vornherein die jüngsten Schläge einen gröseren Massegehalt erlangen, deshalb sich auf die Grundlage der Hundeshagenschen Zuwachstafeln ein etwas höherer nv, mithin auch ein kleineres Nutzprozent berechnet, als bei anfänglich sich langsamer entfaltenden Beständen. Man erhält hiernach ein um so niedereres Nutzprozent, je höher die norm. U. Zeit gesetzt ist; und wieder, bei gleicher U. Zeit, ein kleineres N. Prozent für Nieder- und Mittelwälder, als für Hochwälder (wegen des rascheren Wuchses der Stockloden im Vergleich mit Samenpflanzen); ein kleineres bei der rasch wüchsigen Erle, Birke, Kiefer, Lärche 2c, als bei der langsamer wüchsigen Eiche, Buche, Fichte, Tanne 2c; durchschnittlich ein kleineres von sehr fruchtbaren Standorten, als auf trockenen und mageren ꝛc. — Dagegen bleibt das Nutzprozent ganz unabhängig von dem summarischen Betrage des jährlichen normalen Zuwachses eines Walds, mithin auch von der Waldgröse, weil jener auf Zähler und Nenner des Bruchs gleichmäsig einwirkt; und man erhält — bei Uebereinstimmung der sonstigen Verhältnisse — ganz dasselbe Nutzprozent für einen Morgen Wald wie für noch so viele Morgen.

Bei dem zweiten Faktor — dem wirklichen Vorrathe wv — berücksichtigt Hundeshagen nur allein seinen Massebetrag, keineswegs aber die Beschaffenheit der ihn zusammensetzenden Holzbestände nach Alter, Schlus, Wüchsigkeit, Gesundheit ꝛc; und ebenso wenig kommt der weitere Zuwachs, welchen dieser Vorrath erwarten läßt, bei der zeitlichen Etatsregelung in Mitbetracht.

Zergliedern wir die Wirkung der obigen Etatsregelung-Formel auf den zeitlichen Nutzunggang, so gewahren wir einmal, daß die Formel gar nichts anderes direkt bewirkt, als die allmählige Ausgleichung einer bestehenden Differenz zwischen nv und wv, mithin dasselbe, was die Kam. Taxation und Huber beabsichtigten; — zum andern, daß — obschon Hundeshagen den zeitlichen wirklichen Zuwachs an wv gar nicht beachtet — seine Formel dennoch das zwischen wv und seinem jährlichen Zuwachse wz obwaltende Verhältnis demjenigen gleichstellt, welches zwischen einem verzinslich ausgeliehenen Geldkapitale und den davon abfallenden jährlichen Interessen besteht. — Wenn daher manche Anhänger dieser Methode, neben jener zuerst gedachten Wirkung, der Formel auch einen spezifischen Einflus auf vortheilhafte Regelung des Waldzuwachses und auf die unmittelbare Einleitung eines vollen W. N. Zustands beimasen, so legten sie der Formel eine Kraft bei, welche sie in der That nicht besitzt. — Die zweite Unterstellung befindet sich aber in direktem Widerspruche mit den natürlichen Holzzuwachsgesetzen; wir wissen, daß die fortlaufende Massenmehrung der Holzbestände durch ihren Zuwachs nicht, wie die der Geldkapitalien durch ihre Zinsen und Zwischenzinsen, nach *geometrischer* Progression vorschreite, sondern mehr nach *arithmetischer*, daß nämlich der neue Zuwachs nur *an* dem schon vorhandenen Holze der Stämme sich anlege, daß aber nicht Zuwachs von Zuwachs sich erzeuge, widrigenfalls ja die holzreichsten ältesten und überständigen Bestände den allerhöchsten Zuwachs geniesen müßten, während die Erfahrung gerade das Gegentheil nachweist. — Beide Wahrheiten werden sich bei einer näheren Betrachtung des Nutzungganges durch das N. Prozent erweisen. Wir unterscheiden dabei 3 Hauptfälle: wv seie gerade *gleich* nv oder *gröser* oder *kleiner* als nv.

Wäre wv = nv, so würde die durch die Formel bestimmte Nutzung der normalen gerade *gleichkommen*, weil dann $\frac{ne}{nv} \times wv = \frac{wv}{nv} \times ne = \frac{nv}{nv} \times ne = ne$. Dieser N. Etat könnte jedoch nur dann nachhaltig fortbezogen werden, wenn wv auch den norm. Zuwachs besäse und behielte, nämlich wz = nz wäre und bliebe. Wenn aber, wie in abnorm bestandenen Wäldern so häufig, der wirkliche Zuwachs *unter* dem normalen stünde, so würde die jährliche Nutzung von ne durch den jährlichen Zuwachs *nicht* wieder ergänzt werden, mithin auch wv unter nv herabsinken und der nun weiter berechnete Etat nach der Formel um so viel kleiner werden. — Aber auch in dem Fall, daß alle Bestände den ihrem Alter entsprechenden normalen Zuwachs voll besäsen, würde dennoch wv (bei der Art, wie ihn Hundeshagen veranschlagt) seinen anfänglichen (normalen) Stand so lange, als nicht zugleich die normale Bestandalterfolge und Schlagreihe, mithin der *volle* Normalzustand vorhanden wäre, *nicht behalten*, sondern bald fallen bald steigen, jenachdem zufällig der grösere Theil der Waldfläche mit Holz *unter* oder *über* dem *Mannbarkeitalter* bestockt wäre, und diese Veränderungen im wirkl. Vorr. Betrage müßten nothwendig (nach der Formel) gleiche Schwankungen im zeitlichen Etat nach sich ziehen.

Wäre wv kleiner als nv, nämlich $= nv - x$, so würde der erstjährige Etat $= \frac{ne}{nv}(nv - x) = ne - \frac{ne}{nv} \times x$ sein, mithin um $\frac{ne}{nv} \times x$ unter dem Normaletat ne bleiben. Käme nun der jährl. Zuwachs wz an wv dem normalen Zuwachs ($nz = ne$) gerade gleich, so würde er den durch den Etatsbezug entstehenden Abgang an wv nicht blos wieder decken, sondern es bliebe noch ein weiterer Ueberschus, den wir gleich m setzen wollen, welcher an wv sich anhäuft und diesen um so viel erhöht. Der Stand des wv im zweiten Jahre wäre demnach $= nv - x + m$, daher um m gröser, als im 1ten Jahr; der Etat im 2ten Jahre $= \frac{ne}{nv}(nv - x + m) = ne - \frac{ne}{nv} \times x + \frac{ne}{nv} \times m$, daher um $\frac{ne}{nv} \times m$ gröser als im 1ten Jahre; um ebenso viel kleiner aber auch die Zuwachs-Ersparnis und Anhäufung im 2ten Jahre. Betrüge letzte m', so wäre im 3ten Jahre $wv = nv - x + m + m'$, daher um m' gröser als im 2ten Jahre und um $m + m'$ gröser als im 1ten Jahre; — der Etat im 3ten Jahre wäre $= \frac{ne}{nv}(nv - x + m + m')$, mithin um $\frac{ne}{nv} \times m'$ gröser als im 2ten Jahre und um $\frac{ne}{nv}(m + m')$ gröser als im 1ten Jahre; — dagegen die 3te Vorr. Mehrung um eben so viel kleiner als im 2ten und 1ten Jahre. — Demzufolge bilden die fortlaufenden Nutzungen und Vorr. Mehrungen während der Ausgleichung eines Vorr. Defekts zwei einander entgegengesetzte Reihen; die jährl. Nutzungen eine steigende Reihe, indem sie anfangs am kleinsten sind und von Jahr zu Jahr bis zum Eintrit des norm. Vorr. Betrags wachsen, und zwar in Folge dessen, daß aus jeder zugehenden Vorr. Mehrung sogleich wieder das Nutzprozent gezogen und dieser Betrag zum folgenden Etat geschlagen wird, gleichsam in der Unterstellung, daß solche Vorr. Mehrungen gleiche Akkumulativkraft mit den in Sparkassen, Rentenanstalten ꝛc angelegten Geldkapitalien besäsen, wo die abfallenden und nicht erhobenen Zinsen dem Kapitale beigeschlagen und sogleich wieder verzinst werden — welche Akkumulativkraft jedoch, wie wir wissen, die Holzvorräthe nicht besitzen. — In Folge dieses Nutzunggangs bilden die fortlaufenden Vorr. Mehrungen eine fallende Reihe, nämlich die Zuwachs-Ersparnisse sind Anfangs am grösten und nehmen ab von Jahr zu Jahr bis zu erfolgter Vorr. Ausgleichung. — Doch halten beide Reihen — in Folge der von Hundeshagen eingeführten Berechnungweise der Vorräthe keinen steten Gang ein, selbst nicht einmal dann, wenn auch der volle Waldzuwachs vorhanden wäre und bliebe; noch viel weniger aber, wenn neben dem Vorr. Manko zugleich ein Zuwachs-Defekt bestünde, in welchem Falle und wenn der Zuwachs sehr abnorm wäre, es sogar dahin kommen kann, daß statt der gehofften Erhöhung vielmehr eine weitere Verminderung des Vorraths für geraume Zeit hin durch den von der Formel diktirten Nutzungbezug veranlaßt wird.

Wäre endlich wv gröser als nv, nämlich $= nv + x$, so würde der Etat im 1ten Jahre $= ne + \frac{ne}{nv} \times x$ sein, daher den N. Etat ne um $\frac{ne}{nv} \times x = m$ überschreiten, weil die Formel das Nutzprozent aus dem Vorr. Ueberschusse zieht und nutzt. Da nun dieser Abgang m am Vorr. Ueberschusse durch den jährl. Zuwachs, wäre dieser auch dem normalen gleich d. i. $= ne$, nicht wieder ergänzt werden kann, so wäre wv im 2ten Jahre um so viel kleiner $= nv + x - m$, daher auch der 2te Etat um $\frac{ne}{nv} \times m$ kleiner, als der erste u. s. w. Die jährl. Nutzungen während der Vorr. Ausgleichungzeit würden somit eine der im vorigen Falle entgegengesetzte oder fallende Reihe bilden, jedoch auch hier wieder keine regelmäsige, aus den bereits oben erörterten Gründen. — Die Vorr. Ausgleichung-Dauer wird übrigens in diesem Falle durch einen recht tiefen, im vorigen Falle durch einen recht **hohen** Stand des **wirklichen** Zuwachses, im Vergleiche zum normalen, beschleunigt.

Näheren sich nun auch, wie schon oben bemerkt, die von Huber und Hundeshagen erzielten Nutzungergebnisse in den angegebenen 3 Hauptfällen, so dürfen wir doch nicht übersehen, daß diese gegenseitige Annäherung auf ganz verschiedenen Wegen vermittelt wird; daß nämlich der von Huber diktirte Nutzunggang während der Vorr. Ausgleichung blos der Ausflus einer nachträglichen willkührlichen Vorschrift ist, dagegen der von Hundeshagen erstrebte eine nothwendige Folge seiner allgem. Regelungformel. Jener weicht von diesem weiter darin ab — einmal: daß die Vorr. Ausgleichung nach Huber **gerade innerhalb eines ersten Umtriebs** vollzogen werden soll und kann, während solche von der Hundeshagenschen Formel viel weiter hinausgeschoben wird; — zum andern: daß der Nutzunggang an sich nach der Huberschen Anleitung einen etwas steteren Verlauf nimmt, schon weil sie — wenigstens beim „genaueren Verfahren" — den periodischen wirklichen Zuwachs (obgleich nicht mit der nöthigen Schärfe) in Rechnung ziehen will.

Ebenso, wie bei dem Huberschen Verfahren, übt auch bei Hundeshagen die **Umtriebslänge** einen bedeutenden Einflus auf die **Dauer** der Vorr. Ausgleichung aus, weil durch jene Länge vorzugweise die Gröse seines Nutzprozents bedingt wird.

Der mittelst des Nutzprozents bestimmte Etat für das erste Jahr soll für die nächsten 10 bis 15 und mehr Jahre beibehalten und dann erst wieder, auf die Grundlage des zuvor berichtigten wirkl. Vorrathsstands, in gleicher Weise für einen gleichen Zeitraum hin erneuert werden. Dem so ermittelten periodischen Hauptetat werden nun noch die muthmaaslichen Vornutzungen beigeschlagen.

Ausführlicher haben wir diese Methode dargestellt in uns. W. E. Regelung § 101; sodann in uns. Beitr. z. Fstw. Hft. I S. 24—62, und im Hft. II S. 179—196.

§ 29.

B. Würdigung der Hundeshagenschen Methode.

I. Die Nutzungansprüche der Waldbesitzer und Holzkonsumenten (S. 16) erfüllt die Methode in ähnlicher Weise, wie die Hubersche, mit welcher jene in den Nutzbeträgen nahe übereinstimmt, wiewohl nur von vornherein, indem weiterhin die beiderseitigen Nutzgrösen mehr und mehr auseinander treten. Die in § 27. I. S. 104 an dem Huberschen Verfahren gemachten Ausstellungen finden daher auch hier Anwendung. Auch die Hundeshagensche Etatsformel macht — unbekümmert um die zeitlichen Bedürfnisse und Wünsche der Waldbesitzer ꝛc, um die Gröse weder des Walds noch des Vorr. plus oder minus — die Ausgleichung der Vorr. Differenz vorzugweise abhängig von der Umtriebslänge; auch bei ihr sind die jährl. Nutzungen bei einem Vorr. plus, so wie die jährl. Ersparnisse bei einem Vorr. minus Anfangs am grösten; auch sie gestattet keine Vorausbestimmung des Ganges und der Dauer der Ausgleichung auf längere Zeiträume hin, um so viel weniger, als sie den wirklichen Zuwachs gar nicht in Rechnung zieht. Nur beschränkt sie die Vorr. Ausgleichung nicht auf einen ersten Umtrieb, sondern verschleift sie auf weit länger hinaus und veranlaßt durch die eigenthümliche Berechnungweise der Vorräthe noch grösere Schwankungen im Ausgleichunggange, als Huber bei seinem „genaueren" Verfahren.

II. Forstwirthschaftliche Rücksichten S. 27 ff.

Hundeshagen wollte zwar sein Verfahren auf sämmtliche Betriebsarten ausdehnen; die Anwendung desselben würde jedoch bei Mittelwäldern, Kopf- und Schneidelbeständen ꝛc auf nicht leicht besiegbare Hindernisse stosen.

Für die Möglichkeit, die norm. Haubarkeitalter der Bestände in der Zukunft einhalten zu können, sorgt Hundeshagen dadurch, daß er die Betriebsklassen-Einrichtung von der Kam. Taxation annahm, weit besser als Huber ꝛc. Letztem folgt er dagegen in der Behandlung der Blösen und beide gestatten dadurch eine oft sehr wünschenswerthe Freiheit in der späteren Wahl der Holz- und Betriebs-Art, während die Fachwerker diese Anordnungen gleich von vornherein verlangen.

Der bei weitem gröste Ausstand an der Hundeshagenschen Methode trifft die Nichtbeachtung des wirklichen Zuwachses bei der zeitlichen Etatsregelung. Bei ihr entscheidet nur allein die Gröse des wirkl. Vorraths, nicht aber dessen weiterer Zuwachs, obschon in diesem die Etats-Nachhaltigkeit zunächst beruht. Das Nutzprozent bestimmt denselben Etat bei einerlei wv, mag dieser in jungen oder alten, lichten oder geschlossenen, kranken und zuwachslosen oder frohwüchsigen Beständen ꝛc stecken. Die Nothwendigkeit einer rascheren Verjüngung sehr unvollkommner und unwüchsiger Bestände, in so fern damit eine Etatserhöhung verknüpft wäre, ist der Formel fremd, so wie sie auch die Voraussicht nicht gewährt, ob nach ihrem Nutzunggang zwar jetzt noch frohwüchsige Bestände späterhin überständig zu werden drohen, weshalb denn auch nicht zeitig genug die geeigneten Vorkehrungmaasregeln hiergegen ergriffen werden können. Zwar erfährt man bei den von Hundeshagen vorgeschriebenen periodischen Vorrathsrevisionen den bis dahin erfolgten wirklichen Zuwachsbetrag; allein diese (ohnehin ungenaue) Kenntnis kommt erst nachträglich und viel zu spät, um aus ihr noch einen praktischen Nutzen ziehen zu können.

III. Für die Herstellung des W. Normalzustands (S. 32) ist Hundeshagen im Allgemeinen besser bedacht als Huber durch die Bildung von Betriebsklassen. Aber auch er berücksichtigt die verschiedenen Faktoren des N. Zustands nicht einzeln, sondern erblickt in der Vorr. Ausgleichung den einzigen Weg zu jenem Ziele, weist jedoch die Bedeutung dieses Faktors für die

Erstrebung des vollen Normalzustands ebenso wenig näher nach, als die Kam. Taxation und Huber, und weis ebenso wenig den Zeitpunkt seines Eintritts vorauszubestimmen. Dabei verzögert er nicht nur die Vorr. Ausgleichung viel weiterhin, sondern auch er vermag einen bereits wirklich erstrebten N. Vorrath so lange nicht festzuhalten, 'als nicht zugleich der Wald in seinen vollen N. Zustand eingetreten ist, wovon wieder allein seine Veranschlagungsweise der Vorräthe die Schuld trägt.

IV. Die weitere Vervollkommnung und Sicherung (S.39) der Reg. Grundlagen vernachlässigt Hundeshagen fast gänzlich. Indem er die Reserven ganz verwirft, scheint er die verschiedenen Zwecke derselben nicht vollständig übersehen zu haben. — Den Entwurf von Wirthschaft- insbes. Hiebs-Planen für weiter als eine erste Periode hin verlangt er nicht, und würde ihn auch, wegen Nichtbeachtung des wirklichen Zuwachses, mit gutem Erfolge in der Regel nicht ausführen können. — Einen zeitweisen Umsturz des Massevorraths hält er zwar für nöthig; indem er aber zugleich sehr geräumige Fristen hierzu für zulässig erachtet und für die erste und spätere Erhebung der Vorräthe sehr unsichere Verfahren vorschreibt, widmet er augenscheinlich diesem Hauptfaktor seiner Etatsregelung nicht die erforderliche Sorgfalt. Derselbe Vorwurf trifft auch die Grundlagen des anderen Faktors — des Nutzprozents — in gleichem Maaſe; auch hier vermissen wir die geeigneten Vorschriften zur ferneren Berichtigung der Betriebsklassen, normalen U. Zeiten, der Holzzuwachstafeln, der Bonitäten ꝛc.

Eine nähere Begründung der in diesem § gemachten Ausstellungen an dem Hundesh. R. Verfahren findet sich in unseren zu Ende des vorigen § zitirten Schriften.

7. Karl's R. Methode *).

§ 30.

A. Grundsätzlichkeit derselben.

Gleich der Kam. Taxation, Huber, Hundeshagen und Martin **) erblickt auch Hr. Karl in der Herstellung des norm. Vorr. Betrags das nächste Ziel der W. E. Regelung. In den Grundlagen nähert er sich am meisten Huber und Hundeshagen. Gleich ihnen verlangt er eine getrennte Behandlung der Vornutzungen und den Entwurf von Hiebsplanen nur für eine erste Periode, wiewohl eine weitere Ausdehnung derselben auch bei ihm an seiner Berechnungweise der Vorräthe und Zuwachse scheitern würde, wie wir weiter unten sehen werden. Er folgt Huber insbesondere in der Errichtung einer Holzreserve in gleicher Weise, in der Unterlassung von Betriebsklassen, in der Wahl der Vorr. Ausgleichungzeit, in der gleichzeitigen Berücksichtigung des laufenden wirklichen Zuwachses, in der Veranschlagung dieses und des normalen Zuwachses so wie der beiden Vorräthe auf die Grundlage einer Normalskale für jede Holzart und die erste Bonitätklasse, nähert sich aber in der Konstruktion dieser Normaltafeln wieder Hundeshagen, mißt jedoch zugleich den geschlossenen Hochwaldbeständen einen Zuwachsgang bei, welcher von den Angaben Hundeshagens sowohl, als auch von denen aller übrigen Schriftsteller

*) Grundzüge einer wissenschaftl. begründeten Forstbetriebsregulirungs-Methode von H. Karl, Fürstl. Sigmaringschem (Ober-) Forstmeister, Sigmaringen 1838.

**) Bei Einhaltung einer strengen chronologischen Ordnung, hätten wir die schon 1836 veröffentlichte R. Methode des Hn. Martin der des Hn. Karl vorausgehen lassen müssen. Ihrem Prinzipe nach schliest sich aber jene den in § 32 bezeichneten Methoden genauer an, weshalb wir sie erst dort anreihen.

sehr bedeutend abweicht. Da dieser sein Wachsthumsgang mit seiner Etatsregelung-Formel in sehr genauem Zusammenhange steht, so müssen wir ihn etwas näher betrachten.

Nach den Untersuchungen von Huber, Hartig, Hundeshagen, der Badischen Forstbeamten ꝛc und nach unseren eigenen ist bei geschlossenen Hochwaldbeständen der laufend-jährliche Massezuwachs am prädom. Holze in den ersten Jahren am kleinsten, nimmt dann — und zwar um so rascher, je schnellwüchsiger die Holzart ist — von Jahr zu Jahr zu, erreicht schon frühzeitig und geraume Zeit vor dem Mannbarkeiteintrit seinen Kulminationpunkt und sinkt von da an allmählig und fortwährend bis zu den höheren Lebensaltern hin und zwar um so rascher, je mehr zugleich die Holzart zur natürlichen Auslichtung geneigt ist; — wogegen der durchschnittlich-jährliche prädom. Bestands-Massezuwachs viel weiter und über jenen Kulminationpunkt des lauf.-jährl. Zuwachses hinaus steigt, mithin noch zunimmt, während der lauf.-jährl. schon im Sinken begriffen ist, spätestens jedoch mit Eintrit der vollen Mannbarkeit seinen höchsten Stand erreicht und von nun an, aber viel langsamer, als der lauf. jährl., zu sinken beginnt. So fällt z. B. der höchste lauf. jährl. bei Roth- und Hainbuchen, Eichen ꝛc — je nach Maasgabe des Bodens und der Lage — in das 25- bis 45jähr. Bestandsalter, der höchste durchschn. jährl. in das 50- bis 70jähr., und letzter bleibt sich von da an geraume Zeit ziemlich gleich, bevor er wieder allmählich abnimmt, was auf mageren ꝛc Standorten früher und rascher geschieht, als auf fetten ꝛc. Bei den von vornherein rasch wüchsigen Holzarten, wie Kiefern, Lärchen, Erlen, Birken ꝛc ꝛc, trit der Kulminationpunkt beider Zuwachse weit früher ein und beide stehen weniger weit von einander ab.

Die von Hn. Karl aufgestellten Zuwachsgesetze differiren nun von den vorgezeichneten sehr auffallend. Die von ihm mitgetheilten und bis zum 100jähr. Bestandsalter ausgedehnten Tafeln für Rothbuchen und Fichten zeigen ein fortwährendes

Steigen des lauf. jährl. prädom. Massezuwachses bis zum 100jähr. Alter hin und es muß deshalb selbst bis dahin der durchschn. jährl. Zuwachs hinter jenem weit zurückbleiben. Nach ihm (m. s. die Tafel S. 123) wäre das Verhältnis zwischen durchschn. und laufend-jährl. Zuwachs pro würtemb. Mrgn. bei Rothbuchen = 151.$_6$: 395 Kbfs. = 1 : 2.$_6$; und bei Fichten = 250.$_9$: 522 Kbfs. = 1 : 2.$_1$, mithin der laufend jährl. bei Buchen 2.$_6$mal, bei Fichten 2.$_1$mal gröser als der durchschn. jährliche! Letzter müßte daher, wenn auch jener vom 100ten Jahre an allmählich fallen sollte, dennoch sehr lange hin steigen, und es würde eine Gleichstellung beider Zuwachse erst in kaum ersichtlicher Ferne eintreten. — Sogar die Cotta'schen Ertragstafeln — obschon dieselben dem laufend jährl. Zuwachse ein längeres Steigen beilegen, als es in der Wirklichkeit stattfindet — zeigen ganz andere quantitative und qualitative Verhältnisse zwischen beiden Zuwachsen im 100jähr. Bestandsalter jener Holzarten. Nach Cotta verhält sich der durchschn. jährl. zum laufend-jährlichen Zuwachs pro Würtemb. Mrgn. vom besten Standorte im 100sten Jahre bei Buchen wie 62.$_7$: 81.$_4$ = 1 : 1.$_3$ und bei Fichten wie 106.$_{25}$: 123.$_{75}$ = 1 : 1.$_{16}$, und es steht daher der durchschn. jährl. Zuwachs bei Buchen nur um 30, bei Fichten nur um 16 Prozente hinter dem laufendjährlichen zurück — ganz abgesehen von den (für unsere Betrachtung nicht relevanten) quantitativen Differenzen zwischen den Zuwachsangaben von Karl und Cotta.

Wir wenden uns nun zur Etatsregelung des Hn. Karl. Nach ihm soll die jährl. Abtriebsnutzung jn (ausschliesl. der Vornutzungen) für ein beliebiges Jahr x nach folgender Formel gefunden werden:

$$jn = wz \pm \frac{wv - nv}{a} \mp \frac{wz - nz}{a} \times x.$$

Darin ist das erste Glied wz = dem laufend-jährlichen Zuwachs an allem prädom. Holze im ersten Jahre (oder auch in der Mitte der ersten Periode) beim Beginn der Etatsregelung;

das zweite Glied $\frac{wv - nv}{a}$ = der Differenz zwischen dem wirkl. und norm. Vorrath, dividirt durch die Ausgleichungzeit a, welcher Quotient positiv oder negativ wird, jenachdem wv gröser oder kleiner als nv ist;

das dritte Glied $\frac{wz - nz}{a}$ = dem Unterschiede zwischen wirkl. und norm. Zuwachse, dividirt durch die Ausgleichungzeit a und multiplizirt durch das künftige Etatsjahr x — wobei dieses 3te Glied jedesmal das entgegengesetzte Zeichen des vorhergehenden 2ten Glieds erhalten soll, nämlich plus wenn letztes minus hat, und umgekehrt.

Die Ausgleichungzeit a ist eine gemeinschaftliche für die Beseitigung einer Vorraths- und Zuwachs-Differenz. Hr. Karl ertheilt keine Vorschriften für die Wahl von a; er setzt in seinen Beispielen a = u = der angenommenen generellen norm. U. Zeit. Doch läßt eine gelegentliche Bemerkung auf S. 126 und 127 seiner Schrift vermuthen, daß unter Umständen auch a von u abweichen dürfe.

Trotz der eigenthümlichen und scheinbar ganz verschiedenen Konstruktion seiner R. Formel gelangt Hr. Karl im wesenlichen zu demselben Vorr. Ausgleichung- und Nutzunggang, wie Huber und Hundeshagen; auch bei ihm bilden die jährl. Etats während der Vorr. Ausgleichungzeit bei einem Vorr. plus eine fallende, bei einem V. minus eine steigende Reihe. Das, was in der Hundeshagenschen Nutzprozent-Formel verborgen liegt und erst in ihrem Effekte und auch da nur theilweise hervortrit, nämlich daß sie den wirklichen Vorrath wie ein verzinsliches Geldkapital zur Etatsbildung benutzt — wird durch die Gliederung der Karlschen Formel geradehin zum Prinzipe erhoben und konsequenter und schärfer ausgeprägt. Behandelte Hundeshagen auch den wirkl. Vorrath wie ein Geldkapital, so hütete er sich doch wohl, jenem gleiche Akkumulativkraft beizumessen, wie diesem; er sah wohl ein, daß ein konstantes Verhältnis zwischen wirkl. Vorrathe und Zuwachse nicht bestehe, daß vielmehr ganz gleiche Vorrathsbeträge derselben Art dennoch sehr verschiedene Zuwachse geniesen können, daß am allerwenigsten Zuwachs von Zuwachs erfolge und daß daher auf die Veranschlagung der Vorrathsmehrung durch Zuwachs die bei Geldkapitalien statthafte Doppelzinsrechnung nicht anwendbar seie. Obschon er mit der Kam. Taxation erkannt hatte, daß der jährl. Normaletat ne einer Betr. Klasse mit deren jährl. normalem Zuwachse nz übereinkomme, nämlich daß ne = nz seie, so unterlies er doch weislich, in seiner Etatsformel nv : ne = wv : x für ne das nz zu substituiren und x mit wz zu identifiziren; sein x bedeutet nur den wirklichen Etat we aber nicht wz, welchen er ganz auser Rechnung lies, wodurch er zwar in eine Inkonsequenz verfiel, jedoch auch die nachtheilige Wirkung seiner Formel nicht vergröserte. — Indem nun Hr. Karl diese Inkonsequenz beseitigte, mußte er zugleich die von den natürlichen Holzzuwachsgesetzen gezogene und von Hundeshagen beachtete Gränzlinie überschreiten. Er mußte, indem er den Holzvorräthen gleiche Akkumulativkraft wie den Geldkapitalien durch Zinszins beimaß, die Holzvorräthe zu ihrem jährl. Zuwachse in ein g e r a d e s Verhältnis versetzen, mithin die Zuwachsbeträge mit den Vorrathsbeträgen gleichzeitig und gleichmäsig steigen und fallen lassen. So entstand das 3te Glied seiner Formel in Verbindung mit der Vorschrift, daß dieses Glied stets das entgegengesetzte Zeichen des vorhergehenden 2ten Gliedes erhalten solle; den Vermehrungen und Verminderungen des wirklichen Vorraths (im 2ten Gliede) sollten gleichmäsige Mehrungeu und Minderungen des wirklichen Zuwachses (im 3ten Gliede) parallel gehen, so wie denn die Karlsche Regelungformel überhaupt den Gesetzen der Doppelzinsrechnung huldigt *). Die

*) Gründlich nachgewiesen in Hn. E d u a r d H e y e r's Schrift über : „die

Unrichtigkeit jener Annahme und dieser Rechnung bestätigt jedoch Hr. Karl selbst durch seine eigenen Zuwachstafeln. In diesen müßten folgerichtig der laufend-jährliche Zuwachs mit den Bestandsmassegehalten durch alle Lebensstufen hin gleichen Schritt halten, so daß die Zuwachsprozente, d. h. die Quotienten aus den Bestandsmassen in den jährl. Zuwachs an ihnen, auf allen Alterstufen dieselben blieben. Allein wiewohl Hr. Karl, wie schon oben bemerkt, den lauf. jährl. Zuwachs fortwährend bis zum höchsten (100jähr.) Bestandsalter seiner Tafeln steigen lies und dadurch zu ganz enormen Zuwachsbeträgen gelangte, so sinken dennoch seine Zuwachsprozente von 100 bis auf 2 bis 2.6 Proz. herab, wie sich aus nachstehendem Auszuge seiner Tafeln für Fichten und Buchen ergibt.

Bestands-Alter-Jahre	Fichten				Rothbuchen			
	Bestands-Masse	Zuwachs		Zuwachs-Proz.	Bestands-Masse	Zuwachs		Zuwachs-Proz.
		jährlicher	durchschnittl.			jährlicher	durchschnittl.	
	Kbfs.	Kbfs.	Kbfs.	$\frac{b}{a}$	Kbfs.	Kbfs.	Kbfs.	$\frac{b}{a}$
	a	b			a	b		
1	50	50	50	100.00	20	20	20	100.00
10	621	77	62.1	12.40	245	29	24.5	11.88
20	1611	117	80.5	7.26	590	39	29.5	6.61
30	2980	151	99.3	5.07	1050	54	35.0	5.14
40	4630	176	115.7	3.80	1700	74	42.5	4.35
50	6556	207	131.1	3.16	2605	107	52.1	4.11
60	8884	258	148.0	2.90	3905	151	65.0	3.87
70	11864	333	169.4	2.81	5706	208	81.5	3.65
80	15628	410	195.3	2.62	8198	284	102.4	3.46
90	20085	473	223.1	2.35	11408	349	126.7	3.06
100	25097	522	250.9	2.08	15163	395	151.6	2.61

Waldertrags-Regelungsverfahren der Hn. Dr. Carl Heyer und H. Karl, nach ihren Prinzipien geprüft und verglichen. Giesen, 1846."

Da es nun wohl keines näheren Nachweises bedarf, daß die Einrichtung einer Ertragstafel mit sich gleichbleibenden Zuwachsprozenten nur mit einem gänzlichen Umsturz der natürlichen Zuwachsgesetze möglich wäre, so folgt hieraus von selbst die Unzulässigkeit des 3ten Gliedes in obiger Formel, daher auch die Unmöglichkeit, den Etat für ein beliebiges Jahr x einer längeren Vorr. Ausgleichungzeit nur mit einiger Wahrscheinlichkeit vorausbestimmen zu können. Diese Vorausbestimmung würde — ganz abgesehen vom 3ten Gliede — auserdem schon an der Wandelbarkeit und Unsicherheit der beiden vorhergehenden Glieder scheitern. Die beiden Vorräthe im 2ten Gliede will Hr. K. in der Regel auf die Grundlage der Normalskale erhoben wissen und es muß deshalb der Betrag des wirklichen Vorraths, wenn er auch den vollen Zuwachs besitzt, in abnorm bestandenen Wäldern von Jahr zu Jahr sich ändern, ganz abgesehen von der Unsicherheit der Vorr. Erhebung an sich, welche nach Okularschätzung statthaben soll. Noch wandelbarer und unsicherer ist aber das erste Glied wz, worunter der laufend-jährliche Zuwachs begriffen wird und welcher in der Art zu erheben wäre, daß man die nur in Holz-Art und Alter übereinstimmenden Vorr. Massen — ohne Rücksicht auf die mehr oder minder geschlossene Stellung, auf die Gesundheit und Wüchsigkeit des Holzes und auf die konkrete Standortsgüte — durch die jenen Holzaltern entsprechenden Zuwachsprozente in der Normaltafel (entworfen für die beste Standortsgüte!) multipliziren solle! — Hiernach würde offenbar der auch nur mittelst der ersten beiden Glieder der Formel bestimmte Etat in den meisten Fällen kaum für ein Dezennium seine grundsätzliche Richtigkeit behalten, aber nicht für weiterhin.

Nach dem Urtheile der Tageskritik bestünde zwischen den Etatsregelung-Formeln der Kam. Taxation und des Hn. Karl, und wieder zwischen diesen und dem von uns angegebenen Verfahren, entweder gar kein oder doch kein wesenlicher Unterschied. Dem ist aber nicht so. Behält man die Karlsche

Formel vollständig bei, so findet zwischen ihr und der Kam. Taxation kaum eine Annäherung statt. Aber auch nach Entfernung des 3ten Glieds in jener Formel wäre die Annäherung zwischen ihnen mehr scheinbar als wirklich. Denn von der Formel der Kam. Tarat. ($nz + \frac{wv - nv}{u}$) würden sich die beiden ersten Glieder der Karlschen Formel ($wz + \frac{wv - nv}{a}$) immerhin noch dadurch sehr wesenlich unterscheiden, daß das erste Glied in jener Formel ($= nz$) den normalen durchschn. jährl. Klassenzuwachs bezeichnet, in der anderen Formel ($= wz$) aber den laufendjährl. wirklichen Waldzuwachs, und daß auserdem beide Zuwachse sowohl, als auch die beiden Vorräthe, in einer sehr wesenlich verschiedenen Weise veranschlagt werden. — Das gehört eben zum Kriterium unserer jetzigen Fachkritik, daß sie, wenn sie auch schon norm. und wirkl. Vorrath und Zuwachs zu unterscheiden weis, doch noch lange nicht bis zu der Einsicht gekommen zu sein scheint, daß man sehr verschiedene Resultate im Nutzung-Gange und Betrage erhalte, jenachdem man den wirklichen Zuwachs nach dem lauf. jährl. oder dem durchschn. jährlichen Betrage veranschlagt und letzten wieder entweder auf das jetzige Alter der Einzelbestände oder auf das künftige Haubarkeitalter derselben bezieht; jenachdem man diesen oder jenen Zuwachs auch bei der Berechnung der beiden Vorräthe zu Grunde legt; jenachdem man in beiden Fällen eine Sonderung nach Betriebsklassen vornimmt oder nicht, oder bei der Erhebung dieser Materialien ein Verfahren einhält, welches zu mehr oder minder genauen und brauchbaren Ergebnissen führt rc.

Eine Uebereinstimmung jener beiden R. Verfahren mit dem unserigen wäre aber schon aus dem allgemeinen Grunde nicht möglich, weil wir die Zulässigkeit einer generellen Formel zur Etatsregelung ganz und gar verworfen und dafür eine kleine Zahl Grundsätze substituirt haben, welche gestatten, bei einerlei wirkl. Vorraths- und Zuwachsbetrage den Nutzung-Gang und Betrag den dabei entscheidenden anderweiten Rücksichten gemäs — nämlich denen auf die zeitlichen Nutzung-Ansprüche der Waldbesitzer und Konsumenten, auf die inneren Waldzustände, auf die vorhandene Holzabsatzgelegenheit rc —. ganz beliebig zu ordnen, z. B. die Vorraths- und Zuwachs-Ausgleichungzeit höher oder niederer zu setzen, innerhalb derselben die Nutzungen entweder einander gleich zu stellen oder sie steigen oder fallen zu lassen oder auch sie zeitweise ganz einzustellen, jenachdem es die Umstände räthlich machen. — Wollten wir aber auch aus der nach unserer Anleitung zulässigen sehr verschiedenen Behandlungweise eines und desselben Beispiels gerade einen solchen Fall herausgreifen, wo die Vorraths- und Zuwachs-Ausgleichungdauer und die Etatsordnung während derselben mit den Vorschriften jener beiden generellen Formeln zufällig übereinstimmen sollte, wo nämlich auch wir für den jährlichen Nachhaltetat den Ausdruck $wz + \frac{wv - nv}{u}$ erhielten, so wäre dennoch zwischen diesem unserem Ausdruck und jenen beiden Formeln keine grösere Konformität vorhanden, als zwischen letzten Formeln unter sich.

Denn dieser unser Ausdruck würde von der Karlschen Formel — wenn man auch von ihr wieder nur die beiden ersten Glieder beibehielte und das 3te fallen liese — dadurch wesenlich differiren, daß unser wz nicht den laufend-jährlichen, sondern den auf das muthmaasliche künftige Abtriebsalter der Einzelbestände bezogenen jährl. Durchschnittzuwachs bezeichnet, daß wir auch letzten, und nicht jenen, bei der Berechnung beider Vorräthe zu Grund legen, und daß wir deshalb faktisch zu einem ganz anderen Nutzunggange gelangen würden, obschon wir scheinbar einen und denselben beabsichtigen — wobei wir die von uns beiden eingehaltene sehr verschiedene Art der Erhebung der Zuwachse und Vorräthe, die von Hn. Karl unterlassene Betriebsklasseneinrichtung nicht einmal in Anschlag bringen wollen.

Von der Formel der Kam. Taxation würde unser für den bemerkten einen Fall gewählter Ausdruck schon darin sehr bedeutend abweichen, daß wir nicht den normalen, sondern den wirklichen Klassenzuwachs ansetzen. Daß dieser Unterschied — anderer nicht zu gedenken — selbst Hn. Karl entgehen würde, wie wir aus einer von demselben kürzlich edirten Schrift*) S. 87 entnehmen, wo derselbe zugleich auf eine ganz allgemeine Konformität zwischen dem Verfahren der Kam. Taxation und dem unsrigen schliesen läßt — hätten wir am allerwenigsten vermuthet. —

§ 31.

B. Würdigung der Karlschen R. Methode.

I. Für die Nutzungansprüche der Waldbesitzer und Konsumenten (S. 16) sorgt die Formel ähnlich der

*) „Ausführliche Abhandlung über die Ermittlung des richtigen Holzbestandalters und dessen Einfluß auf die Forstertragsberechnungen von H. Karl rc. Frankfurt. 1847". — In Bezug auf die nicht uninteressante Behandlung seines Hauptthema's wolle uns Hr. Karl den Wunsch nicht verübeln, derselbe möchte Veranlassung gefunden haben, auch auf den § 36 uns. Schrift „Anleitung zu forststatischen Untersuchungen rc. Giesen 1846" näheren Bezug zu nehmen.

von Huber und Hundeshagen, indem sie einen ähnlichen Nutzunggang vorschreibt, nämlich ein Vorr. plus mit fallenden, ein Vorr. minus mit steigenden Erträgen allmählich ausgleichen will, von vornherein dort die Nutzungen am höchsten, hier am niedrigsten regelt ꝛc. Nur würde die Anwendung der Karlschen Zuwachstafeln sicherlich zu merklich anderen als den gehofften Resultaten führen, wenn man nicht durch fleisige Revisionen der Vorräthe und Zuwachse die eingeschlichenen Fehler zeitig genug zu berichtigen suchte, wiewohl diese Berichtigungen immerhin einen irregulären Nutzunggang zur unausbleiblichen Folge haben würden. Da auch der nach seinem Verfahren, im übrigen noch so genau, erhobene wirkliche Zuwachs und Vorrath einem *jährlichen* Wechsel unterliegt, so läßt sich auch hier der Etat mit einiger Sicherheit nur auf ganz kurze Zeiträume hin vorausbestimmen und der nachfolgende Nutzung-Gang und Betrag, die Hiebsfolge ꝛc nicht vorhersehen. Wie alle *generelle* Regelung-Formeln nimmt auch sie keine Rücksicht auf die individuellen Wünsche und Bedürfnisse der W. Besitzer ꝛc. — Uebrigens läßt sie statthafte *Vorgriffe* in den neuen Vorrath zu.

II. *Forstadministrative Rücksichten* (S. 27).

Auch diese gehen, wie bei der Kam. Taxation, Huber und Hundeshagen, bei der Karlschen Etatsformel in dem einseitigen Streben nach dem Normalvorrath unter. Zwar will sie, gleich Huber, auch den *wirklichen Zuwachs* in Rechnung ziehen und sie geht darin selbst noch weiter als Huber, indem sie den wirklichen Zuwachs zugleich mit dem normalen in Parallele setzt und neben der Masseausgleichung zugleich auf eine Zuwachsausgleichung reflektirt. Wie aber schon oben § 30 nachgewiesen, erfährt man nach der Anleitung des Hn. Karl den *wahren* Stand der beiden Zuwachse nicht, am wenigsten den des wirklichen Zuwachses und die eigentlichen Ursachen eines vorhandenen Zuwachsdefektes; es können und müssen hierbei bedeutende Irrungen unterlaufen, welche den Nutzen des 3ten Formelglieds gänzlich in Frage stellen.

Ohnehin nimmt dieses 3te Glied in der Formel nur eine untergeordnete Stelle ein und ist augenscheinlich nur zu dem Zwecke eingesetzt, um den Gang der Vorrathsausgleichung besser zu regeln, obschon es auch diese nächste Bestimmung nicht einmal zu erfüllen vermag. Bestünde ein beträchtliches Zuwachsdefekt, und hätte man erkannt, daß solches in Mangel an Schlus oder in Krankheit und Abständigkeit einzeler Bestände gegründet wäre (wiewohl dieß nach dem Karlschen Verfahren nicht gefunden wird) und daß die Beseitigung des Z. Defekts einen rascheren Gang der Verjüngung jener Bestände und somit auch Ueberhiebe über den Formeletat hin erheische, so bliebe nicht abzusehen, wie diese Abhilfe nach der Formel zulässig wäre. Ebenso wenig würde man einen später drohenden Zuwachsausfall an jetzt noch vollwüchsigen, aber der Hiebsfolge nach überständig werdenden, Beständen voraussehen und dagegen die geeigneten Maasregeln ergreifen können, weil die von Hn. Karl bezeichnete Art und Weise der Veranschlagung der Vorräthe und Zuwachse die Vorausbestimmung der Hiebsfolge auf längere Zeiten hin ebenso unzulässig macht, wie das auch bei den Vorschriften der Kam. Taxation, von Huber und Hundeshagen der Fall ist.

III. Zur Erzielung des W. Normalzustands (S. 32) beachtet Hr. K. die erste Bedingung — die Einrichtung von Betriebsklassen — nicht. Von den verschiedenen Faktoren berücksichtigt er nur, gleich der Kam. Taxat., Huber und Hundeshagen, die Herstellung des normalen Waldvorrathsbetrags, indem seine gleichzeitige Sorge für die Zuwachsausgleichung eine nur scheinbare, nicht wirkliche ist, während die für Gewinnung norm. Schlagflächen und Bestandsstufen ganz fehlt. Bei seinem Verfahren läßt sich die mögliche Eintritzeit des N. Zustands, wenn auch der Wald nur eine einzige Betr. Klasse bildet, nicht vorausbestimmen.

IV. Seine Vorschriften für Sicherung und Vervollkommnung des ersten R. Entwurfs (S. 39) lassen im Wesenlichen dasselbe wünschen, wie die seiner Vorgänger.

Eine Holzreserve richtet er in ganz gleicher Weise ein, wie Huber. — Gleich diesem kann auch Karl keine generellen Wirthschaftplane entwerfen, sondern höchstens nur für eine nächste Periode hin; ist dagegen weniger besorgt für weitere Berichtigung der Vorräthe, Zuwachse, Bonitäten, für eine strenge Buchführung, als Huber.

8. Etatsregelung nach Durchschnitterträgen.

§ 32.

A. Im Allgemeinen.

Die hierher zählenden Methoden kommen mit einander darin überein, daß sie den jährl. Nachhaltetat nach dem jährl. Waldzuwachse normiren, ohne dabei die beiden Materialvorräthe und ihr gegenseitiges Verhältnis, noch den Normalzuwachs, noch die Einrichtung von Betriebsklassen ꝛc besonders zu beachten. Dagegen weichen sie von einander ab in der Bestimmungweise des wirklichen W. Zuwachses und man kann sie hiernach in zwei Gruppen spalten: — in solche, welche den wirkl. W. Zuwachs nicht unmittelbar erhoben wissen wollen; — und in solche, welche die direkte Erforschung desselben verlangen.

I. Zur ersten Gruppe zählen die, welche den künftigen Nachhaltetat ohne weiteres nach den — aus Forstrechnungen entnommenen — durchschn.-jährl. Ertragsergebnissen des betr. Waldes aus einer längeren Reihe vorhergegangener Jahre regeln; so wie die, welche ihn aus Holzzuwachstafeln entnehmen, oder welche ihn dem, auf anderem Wege genauer ermittelten, Nachhaltetat anderer Wälder von ähnlicher Bestands- und Standortsbeschaffenheit kurzer Hand proportional setzen.

Begreiflicher Weise können diese oberflächigen Verfahren nur zu ganz unzuverlässigen und unbrauchbaren Anhaltpunkten führen; sie entsprechen deshalb auch den niedrigsten Anforderungen an eine zweckmäsige Ertragsregelung bei weitem nicht und wir glauben darum, nicht länger bei ihnen verweilen zu dürfen.

II. Die zweite Gruppe, welche eine unmittelbare Untersuchung des wirkl. Zuwachses in dem betr. Walde vorschreibt, theilt sich wieder — wenn man von der, für die Grundsätzlichkeit der Methode minder wesenlichen, Verschiedenheit der gegebenen Anweisungen zur praktischen Aufnahme des Zuwachses Umgang nehmen will — in drei Zweige. Der den jährl. Nachhaltetat bestimmende jährl. Zuwachs (mit oder ohne Einrechnung der Vornutzungen) soll nämlich sein entweder

1. der laufend-jährliche; oder

2. der durchschnittlich-jährliche — bezogen auf das künftige Abtriebsalter der Einzelbestände und ihren dann zu erwartenden Abtriebsertrag, mithin der sogen. durchschn. jährl. Abtriebs- oder Haubarkeit-Ertrag oder Zuwachs, unter weiterer Aufrechnung der Zwischennutzungen; oder

3. der durchschnittlich-jährliche Zuwachs — bezogen auf das gegenwärtige Alter und den Massebetrag der Einzelbestände.

Um uns von der Unzulänglichkeit auch dieser 3 Grundlagen für den Zweck der W. E. Regelung zu überzeugen, brauchen wir uns nur zu vergegenwärtigen, daß bei einer vollständigen Nutzung des jährl. Zuwachses der zufällig vorhandene Materialvorrath, in so weit er nicht durch gewaltsame Einflüsse von ausen her, wie Waldbrände, Orkane, Insektenfras rc eine Schmälerung erleiden sollte, unverrückt beibehalten und dann zu einem seinem Betrage gerade entsprechenden Umtriebe allmählig hinführen würde, welcher von dem beabsichtigten normalen Umtriebe sehr weit entfernt sein könnte. Die Nutzunganspruche der Waldbesitzer rc, die Einleitung des Waldnormalzustands, die Erfüllung der wirthschaftlichen Requisiten rc wären hier ganz in die Hände des Zufalls gelegt und würden unter 100 Fällen kaum einmal ihre angemessene Wahrung finden; und selbst in einem solchen seltenen Glücksfalle würden dann, wenn durch die vorerwähnten störenden Ereignisse der anfangs zufällig vorhandene N. Vorrath späterhin eine bedeutende Verminderung erleiden sollte, alle Anhaltpunkte fehlen, die entstandene Lücke wieder auszufüllen und die bestimmte U. Zeit einhalten zu können. (Man vergleiche auch Hundeshagen's Beiträge z. gesammt. Forstwiss. Bd. II Hft. 3. S. 34 ff.)

Eine Ausnahme von diesen Ausstellungen scheint die N. Methode des Königl. Bayrischen Forstmeisters Hn. Martin zu machen, welche derselbe in einer besonderen Druckschrift *) veröffentlicht hat. Da wir sein Verfahren in uns. W. E. Regelung de 1841 nicht aufgenommen haben, dasselbe auch von der Kritik ganz ungründlich beleuchtet worden ist, so glauben wir ihm, zur Vervollständigung unserer vorliegenden Arbeit, die beiden folgenden §§ widmen zu müssen. Wir werden da nachweisen, daß jene Ausnahme nur eine scheinbare seie.

B. Martin's Regelung=Methode.

§ 33.

a. Grundsätzlichkeit derselben.

Hr. Martin basirt den jährl. Nachhaltetat eines Walds, ja ganzer Reviere und Forste, auf die Summe desjenigen Durchschnittzuwachses, welche man erhält, wenn man den prädominirenden Massegehalt („Hauptbestands"=Masse)

*) Der Wälder=Zustand und Holzertrag, wie derselbe in seinen naturgesetzlichen und thatsächlichen Grundlagen aufzufassen, darzustellen und zu beurtheilen ist; von K. L. Martin, k. b. Forstmeister; derzeit zum Behufe der Betriebseinrichtung der Staatsforste des Reichs an das königl. Staatsministerium der Finanzen einberufen. München. Weber'sche Buchhandlung. 1836.

jedes Einzelbestands durch sein gegenwärtiges Alter dividirt und diese Quotienten (Durchschnittzuwachse) von allen Beständen addirt. — Schlüge man nun noch zu diesem Hauptetat die auserdem beziehbaren Vornutzungen („Nebenbestands"-Masse), so bekäme man den Gesammtetat, welcher für die nächsten 10 bis 15 Jahre beibehalten, dann aber, nach in gleicher Weise wiederholter, Erhebung der Durchschnittzuwachse aufs Neue für einen gleichen Zeitraum hin geregelt werden soll. — Man wolle nicht übersehen, daß die Durchschnitterträge aus dem gegenwärtigen Alter und Massegehalte der Bestände abgeleitet werden sollen, und nicht aus dem muthmaaslichen künftigen Abtriebs-Alter und Ertrage.

Bei Ermittlung der Durchschnittzuwachse will aber M. die wirklichen Bestandsalter nicht immer voll aufgerechnet haben, sondern er verlangt, daß bei solchen Beständen, welche in ihrer Jugend durch stärkere und längere Ueberschirmung von Oberstand in ihrer normalen Entwickelung gehemmt worden wären, nur die „Wachsthumszeit" in Anschlag käme. Letzte erführe man, wenn man von dem vollen Bestandsalter diejenigen Jugendjahre, worin der Baum im Vergleiche zu den in freier Stellung und unter günstigen sonstigen Verhältnissen erwachsenen Stämmen zurückgeblieben, vorher abzöge und auser Ansatz liese. Die Gröse dieses Abzugs wäre leicht zu ermessen nach der auf der Stockquerfläche sichtbaren schnelleren Zunahme der Jahrringbreiten (§§ 59 bis 61 der Martin'schen Schrift).

Eine nach diesem Maasstabe allgemein vorgenommene Bestimmung der „Wachsthumszeit" müßte unausbleiblich zu sehr beträchtlichen Verkürzungen der wahren Bestandsalter, mithin auch zu übergrosen Durchschnitterträgen (und Etats) führen — vornweg bei jüngeren Beständen, auf deren durchschn. jährl. Zuwachsbetrag ein Altersirrthum stärker influirt, als auf den älterer Bestände (m. s. des Verf. Anleit. z. forststatischen Untersuch. § 36). — Von den von vornherein langsam wüchsigen Holzarten, wie den beiden Buchen u. Eichen, den Fichten, Tannen 2c, zumal auf mageren oder trocknen oder rauhen Standorten, legen die Sämlinge, selbst in ganz freiem Stande, anfänglich und oft viele Jahre hindurch nur mikroskopisch schmale Jahrringe an, bis diese endlich eine gröſere Breite gewinnen; und man würde daher das wahre Wachsthumsalter um viele Jahre zu niedrig greifen, wenn man jene schmalen Ringe sammt und sonders auſer Rechnung lassen wollte. Bei den in gutem Schlusse aufwachsenden Holzpflanzen — zumal solchen, welche mittelst natürlicher Samenverjüngung angezogen werden und dabei des Schutzes der Mutterbäume noch geraume Zeit bedürfen — währt es in der Regel und selbst auf guten Standorten noch merklich länger, bis die Jahrringe ihre anfängliche Feinheit verlieren, und der Fehler würde daher hier noch gröſer. Freilich wohl besitzen wir auch noch aus dem Femelbetriebe herstammende ältere Hochwaldbestände, worin gar manche Stämme überlang unter dem Schirme des Oberstands verharrten und dadurch weiterhin in ihrer normalen Entwicklung zurückgehalten wurden, als das jetzt bei unserer geregelten Schlagwirthschaft gewöhnlich der Fall ist; und bei Bestimmung des Durchschnittalters derselben wäre allerdings ein der stattgefundenen Hemmung ihrer normalen Wachsthumszeit entsprechender Abzug an ihrem wirklichen vollen Alter zulässig und räthlich. Es fehlen uns aber alle sicheren Anhaltpunkte für die Gröſe eines solchen Abzugs; der dafür von M. angegebene Maasstab genügt gewiß nicht, muß vielmehr in der von ihm empfohlenen allgemeinen Anwendung als sehr gefährlich erscheinen.

Mit Hilfe einer beigegebenen Zuwachstafel für Fichten-Hochwald versucht M. den Nachweis, daß der — im jedesmal ältesten Holze bewirkte — Fortbezug jenes Hauptbestands-Etats (= dem summar. Durchschn. Zuwachse von allen Hauptbestandsmassen) die Bestände einer noch abnorm beschaffenen Waldung zu derjenigen einem vortheilhaftesten allgemeinen Umtriebe entsprechenden Vorrathsmasse, Schlag- und Alterreihe, mithin zum vollen Waldnormalzustande, allmählig ganz von selbst hinleite — — ohne daß man nur nöthig hätte, diese normale U. Zeit im voraus zu erforschen oder nur zu kennen. — Da sein desfallsiger Nachweis mit seiner Fichtenertrags-Tafel in genauem Zusammenhange steht, so müssen wir die Tafel hier mittheilen, geben derselben jedoch, wiewohl mit unveränderter Beibehaltung aller elementaren Grundlagen, eine unserem Zwecke besser zusagende Form und weitere Ausdehnung.

Holzertragstafel für Fichten nach Martin.

Altersstufen	lauf. jährl. Zuwachs pr. Mgn. mit Durchforst.	lauf. jährl. Zuwachs pr. Mgn. ohne Durchforst.	Bestandsmassen mit Durchforstungen	Bestandsmassen ohne Durchforstungen		durchschn. jährl. Zuwachs pr. Mgn. mit Durchforstung.	durchschn. jährl. Zuwachs pr. Mgn. ohne Durchforstung.	Summe der jährl. Hauptbestands-Durchschnitt-Zuwachse			Normal-Vorräthe	
A	B	C	D	E	F	G	H	I	K	L	M	N
1	41.8	39.8	41.8	39.8	796	41.8	39.8	39.8	796	39.8	39.8	796
2	79.8	74.8	121.6	114.6	1146	60.8	57.3	97.1	971	48.5	154	1544
3	102.9	94.8	224.4	209.4	1396	74.8	69.8	166.9	1103	55.1	364	2425
4	117.9	102.9	342.3	312.1	1561	85.6	78.1	245.0	1225	61.2	676	3380
5	133.3	113.3	475.6	425.6	1702	95.1	85.1	330.1	1320	66.0	1102	4407
6	148.3	118.3	623.9	543.9	1813	104.0	90.6	420.7	1402	70.1	1646	5485
7	156.1	116.0	780.0	659.9	1887	111.4	94.3	515.0	1473	73.6	2305	6594
8	152.3	102.2	932.3	762.1	1905	116.4	95.2	610.2	1525	76.3	3077	7669
9	144.7	79.6	1077.0	841.7	1869	119.6	93.5	703.7	1562	78.1	3909	8680
10	136.9	66.8	1213.9	908.5	1817	121.1	90.8	794.5	1589	79.4	4818	9636
11	129.5	54.4	1343.4	962.9	1752	122.1	87.5	882.0	1605	80.2	5781	10521
12	121.8	41.8	1465.2	1004.7	1674	122.1	83.7	965.7	1609	80.4	6786	11311
13	114.2	29.2	1579.4	1033.9	1593	121.5	79.5	1045.2	1609	80.4	7820	12043
14	106.6	21.5	1686.0	1055.1	1510	120.4	75.4	1120.6	1602	80.0	8876	12693
15	98.9	14.9	1784.9	1070.3	1427	119.0	71.3	1191.9	1589	79.4	9947	13262
16	91.3	7.2	1876.2	1077.5	1342	117.3	67.3	1259.2	1574	78.7	11025	13780
17	81.2	+ 1.1	1957.4	1078.6	1273	115.1	63.4	1322.6	1561	78.0	12103	14282
18	76.7	− 3.3	2034.1	1075.3	1194	113.0	59.7	1382.3	1534	76.7	13179	14642
19	68.5	− 9.6	2102.6	1065.7	1122	110.7	56.1	1438.4	1514	75.7	14245	15000
20	60.9	−14.4	2163.5	1051.3	1051	108.1	52.6	1491.0	1491	74.	15297	15297

Wir begleiten dieselbe mit folgenden Erläuterungen.

1. Unter den Alterstufen Spalte A versteht M. 10jähr. Perioden, weshalb nach ihm die 20 Stufen zusammen 20 × 10 = 200 Jahre umfassen würden. Wir unterstellen jedoch, der Kürze halber, 20 Einzeljahre, was ohne sachlichen Nachtheil geschehen kann, und theilen jeder Stufe einen Morgen Schlagfläche zu.

2. Zieht man die Ansätze unter C von den korrespondirenden Ansätzen unter B ab, so erfährt man den Zuwachs am „Nebenbestand" pro Mgn. der betr. Alterstufe. — Gang und Gröſe beider lauf. jährl. Zuwachse weichen von den Erfahrungen anderer Schriftsteller und unseren eigenen merklich ab. Wir wollen nur hinweisen auf das sehr allmählige Steigen, mehr aber noch auf das rasche Sinken des Hauptbestands-Zuwachses unter C, welcher schon in der 13ten Stufe unter den Betrag der 1ten Stufe herabsinkt, in der 17ten fast ganz aufhört und von da an sogar negativ wird; auf die

sonderbaren Schwankungen in diesem Zuwachsgange, welche man erfährt, wenn man die Differenzen der Glieder ihrer Aufeinanderfolge nach sucht und in eine Reihe stellt; — besonders aber auf das andauernde Steigen des Nebenbestands-Zuwachses bis zur 13ten Stufe hin, von wo an er nur um weniges gegen die letzten Stufen hin sinkt. Die wahrscheinliche Veranlassung zu dieser unmäßigen Steigerung der Vornutzungen werden wir unten näher kennen lernen.

3. — a. Summirt man die Glieder unter B und C ihrer Folge nach von Stufe zu Stufe, so erhält man die Ansätze unter D und E, wovon jeder für sich den Massegehalt eines Morgens Fichten, mit oder ohne Nebenbestand, in dem zugehörigen Stufenalter bezeichnet, daher auch z. B. die ersten 10 Glieder unter E von 39.,$_8$ bis 908.,$_5$ die Hauptbestands-Massenreihe von 10 Mrgn. 1- bis 10jähr. Fichten.

b. Die Glieder unter F bestimmen den Hauptbestands-Massegehalt jeder ältesten Stufe für den Fall, daß unter sie und alle vorhergehenden Stufen, bis zur 1ten abwärts, die 20 Mrgn. der Tafel gleichmäßig vertheilt wären; und es würde z. B. dann, wenn die 20 Mrgn. zu gleichen Flächentheilen nur mit 1- bis 5jähr. Fichten bestanden wären, die älteste (5jährige) Stufe 4 Mrgn. und 1702 Hauptbestandsmasse enthalten.

4. Dividirt man die Glieder unter D und E durch die korresp. Alterstufen unter A, so findet man die Ansätze für G und H, welche den jährlichen Durchschnittzuwachs (mit und ohne Nebenbestand) eines Morgens Fichtenbestand im Durchschnitt für jedes Einzeljahr der betr. Alterstufe ausdrücken.

a. Wie man sieht, trit nach der Tafel der höchste Durchschn. Zuwachs am prädominirenden Bestande unter H mit 95.,$_2$ in der 8ten Stufe ein — sinkt jedoch sogleich wieder, welche Erscheinung bei der zähe lebigen Fichte, bei welcher der Durchschn. Zuwachs weit längerhin auf seinem Kulminationstande zu beharren pflegt, in der Wirklichkeit nicht leicht vorkommen dürfte.

b. Dagegen fällt der höchste Durchschn. Zuwachs einschliesslich Nebenbestand unter G mit 122.,$_1$ erst in die 11te und 12te Lebensstufe, was wieder bei von vornherein regelmäßig durchforsteten Fichtenbeständen aller Erfahrung widerspricht.

5. — a. Indem man die Glieder unter H ihrer Reihenfolge nach summirte, erhielt man die Ansätze unter I. Diese partiellen Durchschn. Zuwachs-Summen (ohne Nebenstand) bezeichnen den norm. Martin'schen Hauptbestands-Etat für eine der betr. Alterstufe entsprechende Morgenzahl regelmäßig abgestufter Fichten. Demnach wäre z. B. der jährl. Haupt-Etat von 16 Mrgn. 1- bis 16jähr. Fichten = 1259.,$_2$.

b. Die jährl. Durchschn. Zuwachs-Summen unter K ergeben sich dann, wenn man (wie bei den Ansätzen unter F) unterstellt, daß unter alle Glieder einer beliebigen Stufenreihe jedesmal 20 Mrgn. gleichmäßig vertheilt seien. So wäre der Martin'sche Etat für 10 Stufen 1 — 10jähr. Fichten, jede Stufe à 2 Mrgn., = 1589.

c. Unter L haben wir den Martin'schen N. Etat durch alle Alterstufen hin auf einen Morgen reduzirt, indem wir die Glieder unter I durch die korresp. Ansätze unter A (welche, neben den Alterstufen, auch die Stufenmorgenzahl ausdrücken) dividirten, und es würde somit die der 10ten Alterstufe entsprechende Zahl 79.₄ unter Ĺ den Martin'schen N. Etat eines Morgens bedeuten, welcher zu 0.₁ mit 1jähr., zu 0.₁ mit 2jähr..... und zu 0.₁ mit 10jähr. Fichten regelrecht bestanden wäre.

6. — a. Die Glieder unter M sind die Summen der Hauptbestands-Massenreihen unter E und bezeichnen daher die (auf die Grundlage der Tafel berechneten) Normalvorräthe für eine der korresp. Alterstufe unter A entsprechende Morgenzahl bis zum 1ten Jahre herab abgestufter Fichten, daher die Zahl 7820 den N. Vorrath für 13 Mrgn. 1- bis 13jähr. Fichten.

b. Unter N wurden, ebenso wie unter F und K, diese N. Vorräthe durchaus auf 20 Mrgn. bezogen und es wäre daher der N. Vorrath für 20 Mrgn. mit 1- bis 13jähr. Fichten gleichmäßig bestanden = 12043.

Um zu erfahren, bei welcher Umtriebszeit ein 20 Mrgn. groser, regelmäßig abgestufter und bestandener Fichtenwald, mit dem in obiger Tafel angegebenen Zuwachs-Gange und Betrage, den höchsten jährl. Nachhaltetat verspreche, erinnern wir uns aus § 7. 1, daß der jährl. N. Etat am Hauptbestand gleichkomme dem Massegehalte des ältesten Jahresschlags, dann auch dem laufendjährl. Zuwachse von allen norm. Schlägen, ebenso dem durchschnittl. jährlichen Zuwachs pro Mrgn. vom ältesten Jahresschlage multiplizirt durch die Morgenzahl aller norm. Schläge. Nun finden wir in Sp. F der Tafel, daß bei einer Abtheilung des Walds in 8 Stufen der älteste Schlag den höchsten Massegehalt mit 1905 besitze und daß auch für diese Stufe die Spalte H den höchsten durchschn. jährl. Hauptbestands-Zuwachs pro Mrgn. mit 95.₂ ausweise. Demnach verspräche den grösten Abtriebs-Naturaletat eine U. Zeit von 8 Jahren (oder eigentlich von 8 × 10 = 80 Jahren; sh. oben Zif. 1).

Der Fortbezug des Martin'schen Hauptetats würde aber nicht zu dieser U. Zeit führen, sondern zu einer viel höheren, mit welcher zugleich ein geringerer N. Ertrag verbunden wäre. Letztes ergibt sich schon aus einer flüchtigen Vergleichung der Glieder unter K mit denen unter F, oder auch der Glieder unter L mit denen unter H der Tafel. Wir sehen, daß die Summe der norm. partiellen Hauptbestands-Durchschn. Zuwachse von den 20 Mrgn. in Sp. K erst in der 12ten und 13ten Altersstufe ihren höchsten Stand mit 1609 erreicht und daß dieser Betrag hinter dem höchsten Gliede der 8ten Stufe in Sp. F mit 1905 um 15 bis 16 Prozent zurückbleibt. Dasselbe Resultat erhalten wir bei gegenseitiger Vergleichung der Ansätze in Sp. L und H; der höchste Stand der norm. partiellen Durchschn. Zuwachse pro Mrgn. fällt in Sp. L mit 80.$_4$ ebenfalls in die 12te und 13te Stufe, während in Sp. H der durchschn. Zuwachs des ältesten Bestandglieds wieder in der 8ten Stufe mit 95.$_2$ kulminirt. Da nun, wie wir sogleich näher sehen werden, der nachhaltige Bezug des Martin'schen Etats (in Sp. K) eine noch so abnorm bestandene Fichtenwaldung von 20 Mrgn. zu einer der 12ten bis 13ten Stufe entsprechenden U. Zeit allmählig hinführen würde, so gewahren wir zugleich, daß bei diesem Umtriebe der Wald um 15 bis 16 Proz. unter seinem möglichen höchsten Nachhaltertrage genutzt werden würde. Zwar versuchte Martin diesen Ausfall am Hauptbestands-Ertrage durch übermäßige Steigerung der Nebenbestandserträge gegen die höheren Altersstufen hin wieder zu decken und es gelang ihm auf diese Weise, einen höchsten Durchschnittzuwachs aus Haupt- und Nebenbestand zusammen für die 11te und 12te Stufe mit 122.$_1$ in Sp. G zu berechnen; wir haben aber schon oben (Z. 2) angedeutet, daß diese Steigerung der Durchforstungerträge keine naturgemäse seie.

Den näheren Nachweis dafür, daß durch den Martin'schen Etat der N. Zustand für die 12te (oder 13te) Altersstufe nach seiner Zuwachstafel nach und nach eingeleitet werde, wollen wir nun an 2 Beispielen liefern.

Setzen wir vorerst den Fall, daß die 20 Mrgn. grose Fichtenwaldung, anstatt mit nur 12 oder 13, mit allen 20 Bestandsstufen der Tafel regelmäsig bekleidet seie, mithin die Bestandsmassenreihe enthalte, welche die Sp. E darstellt. Hier wäre der wirkliche Materialvorrath (nach Sp. M und N) 15297, daher, im Vergleiche zu dem der 12ten Stufe entsprechenden N. Vorrathe von 11311 (Sp. N), ein Vorr. Ueberschus vorhanden von 15297 — 11311 = 3986 oder etwas über 35 Prozenten. Trotz dieses bedeutenden Vorr. Ueberschusses beträgt der Martin'sche Etat für das 1te Jahr nach Sp. K nur 1491 und steht daher dem N. Etat für die 12te Stufe = 1609 (Sp. K) um 1609 — 1491 = 118 oder etwas über 7 Proz. nach. Da nun aber der älteste (20jähr.) Schlag nur 1051 (Sp. G) enthält, so reicht dieser zur Deckung des Etats nicht hin und es müßten deshalb die noch fehlenden 1491 — 1051 = 440 durch Vorgriff in den nächstältesten Schlag 19 (mit 1065., Sp. G) gedeckt werden. Diese Vorgriffe würden auch — wiewohl nicht in gleichbleibender Gröse, wegen des sich jährlich ändernden Etats — in den nachfolgenden Jahren nöthig und überhaupt so lange andauern, bis endlich und nachhaltig der Hieb solche Schläge träfe, deren Hauptbestandsmasse der Summe der partiellen jährl. Hauptbestands-Zuwachse aller Schläge (dem Martin'schen N. Etat) gerade gleich käme, wie es der Fall sein würde, wenn erst eine regelmäsige Bestandsreihe von der 1ten bis zur 12ten oder 13ten Alterstufe hin hergestellt wäre, weil dann jener N. Etat durch den Massegehalt der 12ten bis 13ten Schlagstufe nächst gedeckt erschiene, wie aus Sp. F und K erhellt. Alsdann wäre auch der anfängliche Vorr. Ueberschus aufgezehrt und der N. Vorrath hergestellt.

Drehen wir dieses Beispiel um, denken wir uns die 20 Mrgn., anstatt mit 1 bis 20 Alterstufen, nur mit 1 bis 5 Stufen, jede zu 4 Mrgn., gleichmäsig bestanden, so würde der wirkliche Vorrath (Sp. N) 4407 betragen, daher ein Defekt am N. Vorrath für blos 12 Stufen von 11311 — 4407 = 6904 oder 61 Proz. vorhanden sein. Der Martin'sche Etat für die 5 Stufen wäre (Sp. K) = 1320, der Holzgehalt des 5jähr. Schlags (Sp. F) = 1702, wovon nach Bezug jenes Etats 1702 — 1320 = 382 ungenutzt bleiben, somit dem Materialvorrathe zugehen und zu dessen Erhöhung beitragen würden. Diese Zugänge fänden auch in den nachfolgenden Jahren und überhaupt wieder so lange statt, als der Hieb noch in jüngerem Holze als von der 12ten Altersstufe geführt werden müßte. Auch hier könnte allmählig der N. Vorrath und der volle N. Zustand für die 12te bis 13te Altersstufe erzielt werden.

Man erkennt leicht, daß der Fortbezug des Martin'schen Hauptetats zunächst wieder nur die Ausgleichung eines abnormen Vorraths zu dem N. Betrage für die 12te oder 13te Alterstufe hin bewirke.

Man gewahrt weiter, daß der Vorr. Ausgleichunggang durch die Unterschiede zwischen den korresp. Gliedern in Sp. E und I oder F und K normirt werde, nämlich durch die Unterschiede — einerseits zwischen der Summe des laufend-jährlichen Hauptbestandszuwachses der norm. Stufenreihe = dem Massengehalte der ältesten norm. Stufe in Sp. E und I; — und andererseits zwischen der Summe der partiellen durchschn. jährl. Hauptbest. Zuwachse derselben Stufenreihe in Sp. F und K = dem Martin'schen Hauptetat; indem dieser Etat — jenachdem er aus Beständen unter oder über der 13ten oder der Normal-Stufe bezogen werden muß — kleiner oder gröser als der summarische laufend-jährliche Zuwachs ist, jener daher im ersten Falle diesen Zuwachs nicht völlig absorbirt, mithin einen Theil davon zur Ergänzung des Vorr. Defekts zurückläßt und dadurch zugleich eine allmählige Vermehrung der Schlagstufen einleitet; — im zweiten Falle dagegen die lauf.-jährl. Zuwachssumme übersteigt, darum die allmählige Verminderung eines vorhandenen Vorr. Ueberschusses, so wie der höheren Altersstufen bis zur 12ten herab, bewirkt.

Der vorgezeichnete Vorr. Ausgleichunggang stützt sich auf 2 Prämissen, welche in der Wirklichkeit gar oft nicht gegeben sind.

Erstlich wird vorausgesetzt, ein gegenwärtiger Vorr. Ueberschus rühre davon her, daß wenigstens ein Theil der Bestände die 12te Alterstufe schon überschritten habe; dagegen ein Vorr. Manko davon, daß kein Theil des Holzes jene Stufe schon erreicht habe. Faktisch gestalten sich aber die Verhältnisse ganz anders. So kann ein ansehnliches Vorr. plus vorhanden sein, wenn sämmtliches Holz noch tief unter der 12ten Stufe steht, wenn z. B. die 20 Mrgn. durchaus mit Holz der 7ten Stufe bestanden wären. Hier würde der wirkliche Vorrath $= 20 \times 659._9 = 13198$ sein und den normalen für die 12te Stufe ($= 11311$) um 1887 übersteigen. Der Hauptbest. Etat im 1ten Jahre wäre $= 13198 : 7 = 1885$, der Hauptbest. Zuwachs im folgenden Jahre aber ungefähr 1960 und es fände hiernach anstatt einer Minderung vielmehr eine weitere Erhöhung des anfänglichen Vorr. plus um $1960 - 1885 = 75$ statt und letztes würde im 2ten Jahre $1887 + 75 = 1962$ betragen. — Ebenso kann bei einem Vorr. minus ein Theil der Bestände die 12te Stufe schon überschritten haben und es würde dann so lange, als der Hieb solches Holz träfe, der Ausgleichunggang ein anderer sein, als der von Hn. Martin unterstellte.

Zweitens wird vorausgesetzt, daß sämmtliche Bestände den normalen Zuwachs (der Tafel) auch besäsen, wie es in der Wirklichkeit doch wieder häufig nicht ist. Bei lückigen, kranken und überhaupt zuwachsarmen Beständen kann die Vorr. Ausgleichung, vornweg eines V. Defizits, geraume Zeit lang einen dem obigen gerade entgegengesetzten Verlauf nehmen.

Will man aber auch von beiden Ausständen ganz absehen und sich nur an die günstigste Sachlage halten, so bliebe immerhin zu desidiriren, daß bei Einhaltung des Martin'schen Etats sowohl die Vorr. Ausgleichung, als auch die Herstellung des vollen Waldnormalzustands einen überaus langsamen und dabei schwankenden Verlauf nimmt und daß man überdieß sehr leicht zu einer ganz anderen U. Zeit gelangt, als der beabsichtigten.

Der Ausgleichung-Gang ist durch Vergleichung der korresp. Glieder unter F und K leicht bemeßbar. Die Ansätze unter F übersteigen die unter K von vornherein bis zur 12ten Stufe hin, von der 13ten Stufe an trit ein umgekehrtes Verhältnis ein. Zugleich sind die Differenzen zunächst der 12ten und 13ten Stufe am kleinsten und wachsen gegen die beiden Endglieder der Tafel hin. Es folgt hieraus, daß die Vorr. Ausgleichung um so langsamer vorschreiten würde, je mehr die Bestandsalterreihe der normalen für die 12te oder 13te Stufe sich näherte. Doch darf man nicht etwa hoffen, daß die Herstellung dieser normalen Stufenfolge an sich schon den nachhaltigen Fortbezug des norm. Hauptetats gestattete; diese Möglichkeit wäre erst dann vorhanden, wenn erst alle Stufen auch den norm. Flächengehalt besäsen. Bis dahin würde der Etat hin- und herschwanken, bald steigen und bald sinken, weil der Hieb bald in älterem, bald in jüngerem Holze, als solchem von jenen beiden Stufen, geführt werden müßte — in ähnlicher Weise, wie das bei der Regelung mittelst des Hundeshagenschen Nutzprozents der Fall ist. Die Vorr. Ausgleichung hält daher keinen stetigen Gang ein.

Die Unterschiede zwischen den Gliedern von der 9ten Stufe an bis zur 16ten bis 17ten Stufe hin in Sp. K (oder auch in Sp. L) sind so unbedeutend, daß sie bei einer noch so sorgfältigen praktischen Erhebung der Hauptbestands-Durchschnittzuwachse (im Walde selbst) sehr leicht verfehlt werden können, was zur Folge haben würde, daß man mittelst des Martin'schen Hauptetats ebenso gut zu einer 9jähr. (eigentlich 90jähr.) als wie zu einer 16- bis 17jähr. (eigentlich 160- bis 170jähr.) Umtriebszeit, anstatt zu einer 12- oder 13jähr. (eigentl. 120- oder 130jähr.) gelangen könnte. Die grose Verschiedenheit der norm. Vorrathsbeträge, welche diese verschiedenen U. Zeiten bedingen, gewähren bei dem Martin'schen Verfahren, bei welchem die Vorräthe an und für sich nicht in Betrachtung kommen, keinen Anhaltpunkt und Leitfaden zur Wahl und Einhaltung irgend einer U. Zeit. — Bestimmte man den lauf. jährl. Hauptbest. Zuwachs in Sp. C naturgemäser, liese man denselben nämlich nicht so plötzlich steigen und fallen, so würden die Differenzen zwischen den Gliedern in Sp. K und L noch geringer werden und durch eine längere Stufenzahl hin sich annähernd gleichstellen, damit aber auch der Spielraum um die zufällige U. Zeit sich merklich erweitern. Noch gröseren Umfang gewänne derselbe bei den von vornherein raschwüchsigen Holzarten, den weitesten aber bei Niederwäldern, wo bekanntlich der laufend- und durchschnittlich-jährliche Zuwachs durch alle Alterstufen hin sich ziemlich gleich bleibt, mithin die Länge der künftigen U. Zeit von dem zufällig gerade vorhandenen Vorrathsbetrage lediglich abhinge. — Auf noch weitere Abwege würde man gerathen, wenn man obendrein mit Hn. Martin die Errichtung von Betriebsklassen maasgäblich der verschiedenen Holzarten, Bonitäten rc versäumen wollte.

§ 34.

b. Würdigung der Martin'schen N. Methode.

Da wir schon im vorigen § manches hierher Gehörige erörtert haben, so können wir unsere nachfolgenden Betrachtungen abkürzen und wollen bei diesen zugleich den für die Methode günstigsten Fall unterstellen: daß der in der Martin'schen Ertragstafel vorgezeichnete Zuwachsgang am Hauptbestand nicht blos für Fichten, sondern auch für alle übrigen Nadel- und Laub-Hochwälder, und durch alle Bonitäten hin der naturgemäse und richtige seie, wiewohl diese Annahme allen Erfahrungen widerstreitet.

I. Die zeitlichen Nutzungansprüche der Waldbesitzer und Holzkonsumenten werden bei dieser Methode sehr vernachlässigt. Wir wissen, daß selbst der normale Hauptetat um ein sehr Bedeutendes, um 15 bis 16 Prozente, demjenigen nachsteht, welcher sich nach dem höchsten Durchschn. Zuwachs des ältesten norm. Schlags berechnet, und daß um eben so viel der W. Besitzer in dem jährl. norm. Naturaletat regelmäßig verkürzt wird. Der etwaige Einwand, daß durch den höheren Werth des Holzes bei der höheren U. Zeit, zu welcher der Martin'sche Etat hinführt, jener Ausfall an Naturalertrag wieder ausgeglichen werde, könnte ausnahmweise nur bei einzelen Nutzholzbeständen Geltung erlangen, keineswegs aber als Regel. Ueberdieß kann, wie wir sahen, jener Etat zu sehr verschiedenen U. Zeiten, deren äuserste Gränzen weit aus einander liegen, hinleiten. — Das bestehende Verhältnis zwischen normalem und wirklichem Vorrath beachtet die Methode nicht und vermöchte es auch, wegen Ungewißheit der norm. U. Zeit, weder zu bestimmen, noch auch bei ihrer Etats-Regelungweise zu benutzen. Die wirthschaftliche Bedeutung eines Vorr. Ueberschusses kennt sie nicht; wir haben oben an einem Beispiele, wo die Gegenwart eines ansehnlichen Vorr. plus in Folge überständigen Holzes auser Zweifel lag, nachgewiesen, daß die Methode, anstatt in diesem Falle den wirkl. Etat über den normalen zu erhöhen und somit auf eine rasche Aufzehrung des Vorr. Ueberschusses (zugleich auch auf die schnellere Ausgleichung eines vorhandenen Zuwachsdefekts) hinzuwirken, den entgegengesetzten Nutzunggang einschlägt und den Etat, wenigstens für die erste Zeit, unter den normalen beträchtlich herabsetzt. — Durch den überaus langsamen und dabei schwankenden Gang der Vorr. Ausgleichung werden auserdem die regelmäßigen Nutzungansprüche nicht selten bedroht; die Berücksichtigung auserordentlicher Ansprüche liegt nicht im Prinzipe dieser Methode.

II. Die forsttechnischen Rücksichten erscheinen bei ihr ebenfalls nicht gehörig gewahrt. Sie verlangt z. B. nicht die

Ermittlung des Verhältnisses zwischen wirklichem und normalem Zuwachse. Die Kenntnis eines gegenwärtigen Zuwachsdefekts könnte ihr auch nichts frommen, weil die Mittel zu dessen Beseitigung (z. B. die raschere Verjüngung zuwachsarmer älterer rc Bestände) dann, wenn sie stärkere Nutzungen veranlaßten, mit der Etatsregelung kollidiren würden. Erst künftig drohende Zuwachsausfälle, in Folge dessen, daß einzele Bestände der Hiebsfolge nach überständig werden, wüßte sie ebenso wenig abzuwenden; ja sie lernt sie nicht einmal kennen, weil der stete Wechsel der partiellen durchschn. Zuwachs-Summe die Vorausbestimmung des Etats, mithin auch der Hiebsfolge, nur für ganz kurze Zeiträume gestattet.

III. Für die Herstellung des Waldnormalzustands leistet sie wenig. Die an sich unbekannte und ungewisse normale U. Zeit wird noch weiter dadurch in Frage gestellt, daß die Methode die Einrichtung von Betriebsklassen vernachlässigt. Den Zeitpunkt, wann möglicher Weise der volle Waldnormalzustand für irgend eine, wenn selbst allgemeine, U. Zeit eintreten könne, vermag sie schon deshalb nicht im Voraus zu bestimmen. Von den verschiedenen Faktoren des W. Normalzustands kennt und beachtet sie überhaupt keinen einzigen; sie hält sich bei der Etatsregelung nur an den wirklichen Durchschnittzuwachs der Einzelbestände, bezogen auf deren gegenwärtige Alter, wobei selbst diese Alter mangelhaft erhoben werden. Wenn sie bei dem Fortbezuge dieses Etats dennoch zu der einer gewissen U. Zeit entsprechenden norm. Schlag- und Bestandsreihe, sammt dem zugehörigen N. Vorrathe, endlich einmal gelangt, so verdankt sie dieses Resultat nicht sowohl ihrer eigenen Fürsorge, sondern mehr dem Zufalle, und erstrebt es erst in überlangen Zeiträumen. Hr. Martin selbst (S. 158 seiner Schrift) veranschlagt die Zeitdauer, welche nach seiner Tafel erforderlich wäre, um bei seinem Verfahren blos den einem 90jähr. Umtriebe koresp. Vorrath nur allein auf den Betrag für einen 120jähr. Umtrieb zu erhöhen —

auf 155 Jahre, obschon er dabei unterstellte : — einmal, daß die einem 90jähr. Umtriebe angehörige normale Schlag- und Bestandsreihe sogleich vorhanden wäre; — sodann, daß die periodische Vorrathsmehrung innerhalb jenes langen Zeitraums in gleicher Stetigkeit vorschreiten werde, wie das in der Wirklichkeit nicht der Fall sein würde und könnte. Aber selbst nach erfolgter Vorr. Ausgleichung wäre erst noch die norm. Bestandsstufenfolge für den 120jähr. Umtrieb zu erzielen.

IV. Die Maasregeln zur Sicherung (richtiger Erneuung) der Etatsregelung beschränken sich blos auf die zu Ende oder Anfang einer 10- bis 15jähr. Periode wiederholten Aufnahme der Bestands-Massen (und Alter) zur Berechnung der Durchschnittzuwachse, als Grundlage des Etats für die neue Periode. Von weiterer Vervollkommung der ersten Etatsordnung kann keine Rede sein. Die Feststellung normaler U. Zeiten und Betriebsklassen, die Ermittlung der norm. Vorräthe und Zuwachse ist nicht vorgeschrieben, würde auch hier zu nichts nutzen. — Eine Holzreserve verlangt M. nicht, zwar in Konsequenz mit seinem Verfahren, indem erst gegenüber einem Normalvorrathe die Reserve ihre wahre Bedeutung gewinnt und ihren Zweck gehörig erfüllen kann. — Den Entwurf genereller Wirthschaftplane durch mehre Perioden hin verhindert der stete Wechsel des Martin'schen Etats, welcher strenge genommen nicht einmal auf die Dauer einer ersten Periode seine anfängliche Richtigkeit behält. Einen Aufschlus über die künftige Hiebsfolge und die Gestaltung der sonstigen Waldzustandsverhältnisse vermag daher auch diese Methode nicht zu gewähren, so wie sie denn auch nicht den wünschenswerthen Schutz gegen wirthschaftliche Mißgriffe zu bieten vermag.

§ 35.

9. Rückblick.

Um die wesenlichsten Unterschiede der verschiedenen Regelungmethoden bequemer übersehen zu können, stellen wir dieselben unter einigen der Hauptmomente, welche bei der W. E. Regelung für den strengsten Nachhaltbetrieb vorzugweise Berücksichtigung ansprechen, vergleichungweise zusammen, übergehen jedoch dabei unsere eigenen, in §§ 15 und 16 niedergelegten Grundsätze, der Selbstprüfung unserer Leser es überlassend, ob und in wie weit diese Grundsätze ausreichen, den allseitigen und strengsten Anforderungen an ein zweckmäsiges Regelungverfahren vollständige Genüge zu leisten oder nicht.

I. Bestimmung und Sicherung normaler Bestände-Umtriebszeiten.

Da von der gewählten Umtriebslänge der Einzelbestände — nach Verschiedenheit der Holz- und Betriebsarten und Standortsgüten, jedoch nicht unter gewisse Flächengränzen herab — die Gröse sowohl des Natural- als auch des Werthbetrags des jährlichen Hauptetats, überhaupt das Maas der Lukrativität der Wirthschaft, zunächst abhängt, so ist die Vorausbestimmung der norm. U. Zeiten eine der ersten und nothwendigsten Prämissen, so wie die Sorge für Einleitung und künftige Festhaltung der norm. Haubarkeitalter durch Einrichtung von Betriebsklassen (§ 5. 1) eine der wichtigsten Maasregeln für den strengsten Nachhaltbetrieb. Daß man in der Wahl der vortheilhaftesten Umtriebe mitunter irren, und daß auch unvorhergesehene äusere Zufälle hin und wieder Störungen in einer an sich richtig bestimmten U. Zeit veranlassen können, gibt durchaus keinen erheblichen Grund ab, um von jenen Maasregeln ganz abzugehen.

1. Deshalb verlangen auch die Gründer und Bekenner aller R. Methoden wenigstens eine allgemeine U. Zeit für Hoch-

wälder (und eine für Niederwälder) — mit alleiniger Ausnahme der R. Methoden nach Durchschnitterträgen, bei denen auch die Annahme norm. U. Zeiten nichts fruchten würde, so wenig als die von Hn. Pfeil (m. s. Nachwort S. 160 ff.) bestellte allgem. U. Zeit. — Martin schliest sich dieser Ausnahme nur in so weit an, als er keine norm. U. Zeit vorrausbestimmt, dagegen hofft, daß beim Fortbezuge seines Nachhaltetats die vortheilhafteste U. Zeit sich von selbst herstellen werde.

2. Für spätere Einleitung und Einhaltung der angenommenen norm. U. Zeiten (und anderer Zwecke § 5. 1) durch Errichtung von Betriebsklassen sorgen allein die Kameral-Taxation und Hundeshagen — alle übrigen nicht.

III. Ueberführung abnorm beschaffener Waldungen in den Normalzustand.

Der W. Normalzustand ist das Endziel der Wirthschaft mit strengstem Nachhaltbetriebe, weil von ihm der nachhaltige Fortbezug des höchsten (normalen) Etats bedingt wird (§ 12). — Nach § 3 sind die Faktoren des W. Normalzustands: die Einrichtung von Betriebsklassen, und in jeder dieser Klassen wieder eine der Klassen- U. Zeit entsprechende regelrechte Bestandsalter-Stufenfolge (sammt Schlagreihe beim schlagweisen Betriebe), normaler Zuwachs auf allen Schlägen und norm. Vorrath auf dem Stocke.

Die Zeitdauer und die Art und Weise, wann und wie abnorme Betr. Klassen und Wälder in den vollen Normalstand übergeführt und dadurch zum höchsten Nachhaltetat gebracht werden, sind darum höchst wichtige Momente, weil von ihnen der Nutzung-Gang und Betrag (III) während der Uebergangszeit abhängt. Nun erinnern wir uns aus §§ 10 bis 12:

daß es von grosem Belange seie, wenn das Prinzip einer R. Methode nicht blos die genaue Kenntnis und direkte Beachtung jedes der Hauptfaktoren des W. N. Zustands, sondern auch die Möglichkeit einschliese, beliebig einen oder den anderen der

Faktoren *vorzugweise* bei der Ausgleichung berücksichtigen zu können; —

daß die Ausgleichung eines schon vorhandenen oder erst später drohenden, *grösseren Zuwachsdefekts* (in Folge überständiger, kranker oder lückiger älterer Bestände) in der Regel in den Vordergrund zu treten verdiene, wenn selbst auf Kosten der anderen Faktoren; — daß *nächstdem* die *Vorraths-Ausgleichung* sich geltend mache; daß dabei ein gegenwärtiger Vorr. *Ueberschus* (über den N. Betrag hin) die Eigenschaft eines *todten* Kapitals besitze, dessen schleunige Benutzung, in so weit diese eine günstige Absatzgelegenheit unterstützt, vornweg im Interesse des Waldbesitzers und der Konsumenten liege; — und daß endlich die Herstellung der norm. *Bestandsalter-* und *Schlag-Reihe*, welche sich ohnehin bei vorhandenem N. Vorrathe und bei Einhaltung eines ordnungmäßigen Etats ganz von selbst einleitet, meist jenen beiden Faktoren nachstehen könne; —

daß der *wirkliche jährliche Zuwachs* in abnormen Wäldern für den vorliegenden Zweck *nur allein richtig* veranschlagt werde nach dem *durchschnittlich jährlichen Ertrage*, welcher sich in dem Quotienten aus dem muthmaaslichen *künftigen Abtriebsalter* in den dann erfolgenden *Abtriebsertrag* der Bestände berechnet — nicht aber nach dem aus dem *gegenwärtigen* Alter und Massegehalte abgeleiteten Durchschnittertrage, auch nicht nach dem *laufend-jährlichen* Zuwachsbetrage, weil beide letzten Zuwachse sich verhältnismäßig zu niedrig stellen, überdieß durch ihre *alljährliche Veränderlichkeit* die Vorausbestimmung des Nutzunggangs auf längere Zeiträume hin unmöglich machen würden; —

daß der *normale* und *wirkliche Kl. Vorrath* ebenfalls nur auf die Grundlage des durchschn. jährl. Abtriebszuwachses der Bestandsstufen richtig bemessen werde — keineswegs jedoch mittelst *Ertragstafeln*, weil man bei diesen wieder nicht allein ein zu niederes Resultat erhält, sondern auch weil der *wirkliche*

Vorrathsbetrag in abnorm beschaffenen Klassen sich ebenfalls alljährlich ändern und die weitere Vorherbestimmung des Ausgleichunggangs ausnehmend erschweren würde; —

daß die N. Methode volle Freiheit darin gewähre, die Ausgleichung-Zeiträume nach Maasgabe der zeitlichen Nutzung-Ansprüche der W. Besitzer und des inneren Waldzustands beliebig wählen zu können, daß sie jenen Zeitraum aber nicht an eine ganz allgemein bestimmte Frist, z. B. an die Länge einer norm. U. Zeit, oder an den Mechanismus einer generellen N. Formel binden dürfe; — und

daß sie den Gang der Ausgleichung und die in dieser sich ergebenden Nutzbeträge bis zum möglichen Eintrit des vollen Normalzustands der Gegenwart vorzuführen vermöge

Gestützt auf diese Prämissen, gelangen wir zu nachfolgenden Fragen und Antworten.

1. Welche N. Methoden verlangen nicht die Errichtung von Betriebsklassen, wenn auch nur für abweichende U. Zeiten, und würden deshalb den vollen Waldnormalzustand in der Regel gar nicht erreichen oder doch nur zufällig, nämlich wenn die Waldung nur mit einerlei norm. U. Zeit behandelt würde und werden könnte?

Auser der Kam. Taxation und Hundeshagen — keine andere, indem die übrigen höchstens nur 2 allgem. U. Zeiten annehmen, Eine für Hochwälder und Eine für Niederwälder.

2. Welche N. Methoden kennen und beachten die übrigen Faktoren des N. Zustands bei der Einleitung des letzten?

A. Die Differenz zwischen wirklichem und normalem **Zuwachs** beachten blos Huber (zum Theil) und Karl; — dagegen berücksichtigen:

a. das Flächenfachwerk zwar beide Zuwachse, ohne jedoch auf deren Differenz bei der Ausgleichung besonderes Gewicht zu legen; (Eine scheinbare Ausnahme in § 19. II. Anmerk.);

b. das Massenfachwerk (m. sh. auch § 21. I), die Methoden nach Durchschnitterträgen, nebst Martin, blos den wirklichen Zuwachs;

c. die Kameraltaxation und Hundeshagen blos den normalen Zuwachs. (Hundesh. erfährt erst den wirklichen laufenden Zuwachs aus der Vergangenheit bei den Revisionen des wirklichen Vorraths).

B. Die Differenz zwischen wirklichem und normalem **Vorrath** beachten die Kameraltaxation, Huber, Hundeshagen und Karl — aber nicht die 3 Fachwerke, Martin &c.

C. Die normale Bestandsalter- und Schlagreihe berücksichtigt unmittelbar blos das Flächenfachwerk, auch theilweise das komponirte Fachwerk. — Diejenigen Methoden, welche zunächst eine Vorrathsausgleichung verlangen, wie die Kam. Tarat., Huber, Hundeshagen und Karl, würden zwar nach Herstellung des norm. Vorrathsbetrags allmählig auch zur norm. Schlagreihe gelangen; allein Niemand von ihnen hat diesen Erfolg faktisch nachgewiesen. — Martin erwartet die norm. Schlagordnung von seiner Zuwachstafel. — Die anderen R. Methoden nach Durchschn. Erträgen würden nur ganz zufällig dieses Ziel erreichen.

3. Welche R. Verfahren gestatten die beliebige vorzugsweise Ausgleichung eines oder des anderen Faktors bei der Einleitung des W. N. Zustands? — Keines von allen, wie sich unter 3. 8 bis 11 ergiebt.

4. Welche R. Methoden erkennen die gewerbliche Bedeutung eines Vorraths-Ueberschusses und empfehlen dessen schleunige Nutzung neben dem ordnungmäßigen Etat? — Keine von allen.

5. Welche gestatten innerhalb einer U. Zeit grundsätzlich motivirte Vorgriffe in den neuen Vorrath, d. h. in die innerhalb des Umtriebs nachgezogenen Bestände?

Alle — mit Ausnahme der 3 Fachwerke, abgesehen von den in § 19. II und § 21. I erwähnten Nothfällen.

6. Wie veranschlagen diejenigen R. Verfahren, welche die Differenz beider Materialvorräthe in Rechnung ziehen (Z. 2. B), diese Vorräthe?

Blos die Kam. Taxation basirt die Normalvorräthe sachgemäs auf den Abtriebs-Durchschnittzuwachs; ob auch die wirklichen Vorräthe? ist unbekannt. — Dagegen veranschlagen beide Vorräthe Hundeshagen und Karl nach Ertragstafeln mit voller (jahrweiser) Stufenreihe, Huber nach solchen mit nur 4 Periodenstufen; und Huber sowohl, wie Karl benutzen dabei nur eine Normalskale für jede Holzart. Auch Martin schliest sich beiden an, obschon er die Vorrathsdifferenz nicht unmittelbar in Rechnung bringt.

7. Wie veranschlagen sie den wirklichen Zuwachs?

Nur die Fachwerke ziehen richtig den künftigen Abtriebszuwachs in Rechnung, ohne jedoch den Unterschied zwischen diesem und dem normalen Zuwachs regelmäsig zu berücksichtigen (2. A. a); — Huber (bei seinem genaueren Verfahren), Karl und ein Theil der Regler nach Durchschn. Erträgen den laufend-jährlichen Zuwachs; der andere Theil der letzten und Martin den aus dem zeitlichen Alter und Massegehalt der Bestände abgeleiteten Durchschnittzuwachs. — Dagegen lassen die Kam. Taxation, Hundeshagen und Huber (bei seinem summarischen Verfahren) den wirklichen Zuwachs unbeachtet (2. A. c).

8. Welche wollen den W. N. Zustand zunächst durch Ausgleichung der Vorraths-Differenz erstreben?

Die Kameraltaxation, Huber und Hundeshagen; Huber beachtet dabei auch wohl den wirklichen Zuwachs (7), allein nur zur besseren Regelung der Vorr. Ausgleichung.

9. Welche zunächst durch Ausgleichung einer Zuwachs-Differenz?

Die Regler nach Durchschnitterträgen, Martin einbegriffen.

10. Welche durch Ausgleichung einer Vorraths- und Zuwachs-Differenz zugleich?

Scheinbar nur Karl, indem seine Formel im letzten Gliede einen Ausdruck für die Ausgleichung der Zuwachsdifferenz enthält. Allein, abgesehen von der unrichtigen Berechnung seiner beiden Zuwachse, entbehrt seine Zuwachsausgleichung aller Selbstständigkeit, ist nur ein strenger Ausflus seiner Vorrathsausgleichung und sein Verfahren leistet in dieser Beziehung weniger, als das „genauere" von Huber, obschon dieser dabei nur den wirklichen Zuwachs (aber viel richtiger) und nicht auch dessen Abstand vom Normalzuwachs in Rechnung zieht. — Hundeshagen hütete sich wohl vor der Annahme, daß zwischen wirklichem Zuwachs und Vorrath ein konstantes Verhältnis bestünde.

11. Welche erstreben den W. N. Zustand zunächst durch die Herstellung einer normalen Schlagordnung?

Das Flächenfachwerk, theilweise auch das komponirte Fachwerk; viel weniger schon das Massenfachwerk.

12. Welche gestatten freie Auswahl des Ausgleichungzeitraums?

Genau genommen, keine Methode, als vielleicht die von Karl (?).

Gerade an die Länge einer U. Zeit bindet die Herstellung des vollen Normalzustands: das Flächenfachwerk; — die Ausgleichung eines abnormen Vorraths: die Kam. Taxation, wiewohl diese ihr Ziel dann verfehlt, wenn der wirkliche Zuwachs nicht auch dem normalen gleich ist; sodann Huber; — die Ausgleichung eines abnormen Vorraths und Zuwachses: Karl (?). — Das Massenfachwerk beabsichtigt blos eine Gleichstellung der Nutzungen durch eine erste U. Zeit hin, jedoch ohne Rücksicht auf die Ausgleichung irgend eines Faktors des N. Zustands. — Bei Hundeshagen und Martin bleibt die Ausgleichungdauer für Vorrath (und Zuwachs) ungewiß und unbestimmbar.

13. Bei welchen N. Methoden läßt sich der Zeitpunkt des möglichen Eintrits vom vollen W. N. Zustand vorausbestimmen? — Ohne Betriebsklassen eigentlich bei keiner (1); auserdem blos beim Flächenfachwerk. — Nicht einmal die Dauer der blosen Vorrathsausgleichung — vielweniger die des vollen N. Zustands — ist vorausbestimmbar bei der Kam. Taxation und bei Hundeshagen wegen Nichtbeachtung des wirklichen Zuwachses (2. A. c); — bei Huber und Karl wegen der Berechnungweise der beiden Vorräthe und des wirklichen Zuwachses (6 und 7); — bei Martin und den übrigen Reglern nach Durchschnitterträgen wegen der Berechnungart des wirklichen Zuwachses und wegen Nichtbeachtung der Vorraths-Differenz.

III. Nutzung-Gang und Betrag während der Ueberführung abnormer Wälder in den Normalzustand.

Beide greifen in das zeitliche Interesse der Waldbesitzer und Holzkonsumenten um so tiefer ein, je weiter die grösere Mehrzahl unserer Wälder gegenwärtig von dem Normalzustand noch entfernt ist und je später, wie in der Regel, dieser N. Zustand erst errungen werden kann; beide stehen begreiflich wieder mit dem von den verschiedenen N. Methoden eingehaltenen Gange und Zeitraume für die Ausgleichung eines abnormen Waldzustands (II) in innigster Verbindung. Bevor wir die desfallsigen Leistungen der N. Verfahren in vergleichender Uebersicht vorführen, wollen wir erst einen kurzen Ueberblick der regelmäsigen Nutzungansprüche der W. Besitzer für die vorkommenden 3 Hauptfälle der Abnormitätzustände der Wälder vorangehen lassen, wobei wir uns zunächst an den Abtriebsetat halten und unterstellen, daß die weiter beziehbaren Vornutzungen diesem Etat noch zugefügt werden. Wir wissen nun aus den §§ 12 und 15, daß jene Nutzunganſprüche

1. bei einem dem normalen gleichen, wenn schon aus abnormen Altersstufen zusammengesetzten, Vorrathsbetrage dem wirklichen jährlichen Waldzuwachse, daher, Falls dieser normal, auch dem Normaletat gleichkommen, wobei jedoch hier (so wie in den beiden unter 2 und 3 nachfolgenden Fällen) vorausgesetzt wird, daß bei der Veranschlagung sowohl der beiden Vorräthe, als auch des wirklichen Zuwachsbetrags der für das künftige Abtriebsalter der Einzelbestände sich berechnende Durchschnittzuwachs als Basis angenommen werde und daß während eines Umtriebs nöthigenfalls Vorgriffe in den neuen Vorrath (des folgenden Umtriebs) statthaft seien;

2. daß eine zeitweise Erhöhung des Etats, über den normalen Stand, in 2 Fällen sich empfehle — einmal bei einem Vorraths-Ueberschusse, dessen recht baldige Nutzung meist im Interesse des W. Besitzers und der Konsumenten liegt; — sodann bei einem ansehnlichen Zuwachsdefekte in nutzbaren Beständen, selbst wenn mit dieser Uebernutzung eine Verminderung des norm. Vorr. Betrags verknüpft und späterhin die nachbezeichnete Maasregel nöthig werden sollte;

3. daß eine Herabsetzung des wirkl. Etats unter den wirkl. Zuwachs und den N. Etat durch ein Vorraths-Defekt geboten werde, wobei die Gröse der Etatsermäsigung theils von dem Betrage des Defekts abhängt, theils aber auch von der Länge der gewählten Ausgleichungzeit, welche sich an einen allgemeinen Zeitraum zweckmäsig nicht binden lasse, sondern mit jedesmaliger Rücksicht auf die Nutzung-Ansprüche und Bedürfnisse des W. Besitzers bestimmt werden sollte.

Wir wissen ferner, daß auch früher oder später durch Nothstände der W. Besitzer oder Holzkonsumenten veranlaßte auserordentliche Uebernutzungen — über den ordnungmäsigen Etat hin — innerhalb gewisser Gränzen nicht abgewiesen werden dürfen.

Bei Anlegung dieser Nutzungmaasstäbe gelangen wir nun zu folgenden Resultaten.

A. Das Flächenfachwerk — indem es jedwede noch so abnorme Waldung gerade innerhalb einer ersten U. Zeit, mag diese zufällig noch so lang oder kurz sein, in den vollen Normalzustand überzuleiten trachtet — verletzt in der Regel die zeitlichen Nutzansprüche am empfindlichsten. Ohne alle Rücksicht auf den Bestand einer noch so grosen Vorraths- oder Zuwachs-Differenz läßt es über die Vertheilung der Nutzungen durch die U. Zeit hin gerade den unwesenlichsten Thatumstand — die rein zufällige flächenweise Verbreitung des wirklichen Vorraths über das Waldareal hin — allein entscheiden, erhält daher bei einerlei Vorrath und Zuwachs, je nach der verschiedenen räumlichen Vertheilung des Vorraths, ebenso viele verschiedene Etats, und nicht selten kann es sich treffen, daß die anfänglichen Nutzungen geraume Zeit lang bei sehr beträchtlichem Vorr. Ueberschusse tief unter, dagegen bei ansehnlichem Vorr. Defekte weit über den normalen Betrag fallen. Die Wahrung der zeitlichen Nutzungrechte ist hier dem blinden Zufalle anvertraut. Ueberdieß kennt das Flächenfachwerk so wenig, wie die beiden anderen Fachwerke, grundsätzliche Vorgriffe in den neuen Vorrath (des 2ten Umtriebs), so wie denn auch eine Berücksichtigung auserordentlicher Nutzungansprüche seinem R. Prinzipe widerstreiten würde.

B. Das Massenfachwerk nähert sich in vielen Stücken dem vorigen — in der Wahl der Ausgleichungzeit, in der Nichtbeachtung bestehender Vorraths- und Zuwachs-Differenzien, in der Verschleifung eines Materialüberschusses über einen ganzen Umtrieb hin ꝛc. Doch wahren die Nutzungansprüche der ersten U. Zeit diejenigen M. Fachwerke schon besser, welche eine Gleichstellung der Perioden-Etats vorschreiben, weniger dagegen die, welche bei dieser Gleichstellung die Vornutzungen beiziehen, und noch weniger die, welche den Etat von Periode zu Periode steigen lassen. Andererseite steht dieses Fachwerk dem vorigen darin nach, daß es oftmal nutzlos den N. Vorrath der 2ten U. Zeit verkürzt und bei allen seinen Opfern der Erzielung des N. Etats ungewiß ist. — In der Veranschlagung des wirklichen Zuwachses übertrifft es aber weit die unter D bis H aufgeführten Methoden.

C. Das komponirte Fachwerk trägt die Erbfehler seiner Stammeltern und entbehrt jedes Leitsterns bei dem rathlosen Hin- und Herschwanken zwischen den widerstreitenden N. Prinzipien beider.

D. Die Kameraltaxation nähert sich in der Etats-Ordnung dem Massenfachwerk, indem jene ebenfalls durch einen ersten Umtrieb eine Gleichstellung der Nutzungen beabsichtigt, sich dabei jedoch lediglich an den Abtriebsertrag hält, zugleich die Ausgleichung einer bestehenden Vorrathsdifferenz und diese wieder Betriebsklassenweise berücksichtigt, wiewohl ihr Ziel dann verfehlt, wenn der von ihr stets unterstellte N. Zuwachs nicht vorhanden ist. Auch sie verschleift ein Vorr. plus über einen ganzen Umtrieb, verlangt in gleichem Zeitraume die Ergänzung eines noch so grosen Vorr. minus ꝛc; gestattet aber, gleich allen nachbenannten N. Methoden, Vorgriffe in den neuen Vorrath.

E. Huber folgt der Kam. Taxation in der Wahl einer U. Zeit zur Vorr. Ausgleichungdauer (wiewohl ohne Betr. Klassen), sichert auch die Ausgleichung besser, indem er sie zugleich auf den wirklichen (lauf.-jährlichen und daher zu gering veranschlagten) Zuwachs stützt, vermag derselben aber — wegen der eingehaltenen Berechnungweise der beiden Vorräthe und des wirkl. Zuwachses — dennoch keinen stetigen Gang zu verschaffen, und hebt die gleiche Vertheilung der Vorr. Differenz auf die U. Zeit hin nachträglich wieder auf durch die rein willkührliche Bestimmung: daß ein Vorr. plus und minus in einer fallenden Reihe ausgeglichen werden solle, wobei das zeitliche Interesse des W. Besitzers bei Vorr. plus zwar besser, bei Vorr. minus aber um eben so viel schlechter gewahrt wird, als bei dem Verfahren der Kam. Taxation.

F. Karl schliest sich wieder an Huber zunächst an und gelangt zu einem ähnlichen Vorr. Ausgleichunggange, den er durch Beachtung der zwischen wirklich. und norm. Zuwachs bestehenden Differenz besser zu regeln trachtet, in der That jedoch nicht vervollkommnet.

G. Hundeshagen, obschon er keinen Vorr. Ausgleichungzeitraum vorausbestimmt, sondern denselben von der Wirksamkeit seiner Nutzprozent-Formel erwartet, erzielt dennoch im Wesentlichen denselben Nutzunggang, wie Huber und Karl; nur wird solcher noch unsicherer wegen der versäumten Mitaufrechnung des künftigen wirkl. Zuwachses, so wie denn auch die Formel die Vorr. Ausgleichung nicht innerhalb einer U. Zeit beendigt, sondern meist viel weiter hinaus ausdehnt.

H. Bei Martin, welcher weder eine vorhandene Vorraths- noch Zuwachs-Differenz unmittelbar berücksichtigt, wird der Nutzung-Gang und Betrag in abnormen Wäldern noch fast mehr vom Zufalle geleitet, wie beim Flächenfachwerk. Und wenn letztes dem W. Besitzer für die ihm auferlegten Opfer doch wieder einige, wiewohl ungenügende, Entschädigung in der Aussicht auf die Beschaffung eines W. N. Zustands bietet, so vermag dieß Martin nicht, weil das Ziel, zu welchem sein Etat hinleitet, sich nicht vorhersehen läßt. Selbst bei einem schon vorhandenen W. N. Zustande würde der von ihm berechnete Etat beträchtlich unter dem normalen Betrage bleiben, mithin der W. Besitzer in seinen Nutzungansprüchen bleibend verkürzt werden.

IV. Sicherung und Vervollständigung einer vorgenommenen W. E. Regelung.

1. Errichtung einer Holzreserve, welche nach § 13. 1 am zweckmäßigsten durch angemessene Erhöhung der norm. U. Zeit bei einer, mehren oder allen Betr. Klassen begründet wird. In dieser Art wird sie von keiner R. Methode verlangt. Huber

und Karl bestellen eine Reserve durch angemessenen Abzug an dem wirklichen Vorrath, welcher Abzug bei der Vorrathsausgleichung auser Rechnung bleiben soll. — Die Kam. Taxation, Hundeshagen und Martin sehen keine Reserve vor. Ebenso auch die Mehrzahl der Fachwerker, während Einige von diesen mit unzweckmäsigen Vorschlägen zu einem Reserve-Surrogat sich begnügen.

2. Generelle Wirthschaftplane (§ 13. 2).

Für ihre Anlage und Fortführung, wenn auch nur gerade für den Zeitraum eines nächsten Umtriebs, sorgen am besten die Fachwerke, vornweg das Massenfachwerk, welches auch dadurch, daß es den künftigen Abtriebszuwachs in Aufrechnung bringt, in den Stand gesetzt ist, die Hiebsfolge auf längere Zeit vorausbestimmen zu können, was bei den übrigen R. Methoden nicht der Fall ist. Diese vermögen mit einiger Sicherheit den Nutzunggang nur auf einen ganz kurzen Zeitraum, etwa auf die Dauer einer ersten 10- bis 15jähr. Periode hin, zu ermitteln. Das Hindernis liegt theils in der Berechnungweise der Vorräthe (auf die Grundlage von Ertragstafeln), wobei deren Stand einem fortwährenden Wechsel unterworfen ist, wie bei Huber, Hundeshagen und Karl; theils in unterlassener Berücksichtigung des wirklichen Zuwachses, wie bei der Kam. Taxation und Hundeshagen, oder in der Aufrechnung des laufend-jährlichen Zuwachses (anstatt des Haubarkeit-Durchschnittzuwachses) wie bei Huber und Karl, oder der Summe der partiellen Durchschnittzuwachse (auf die Basis der gegenwärtigen Massegehalte und Alter der Bestände) wie bei Martin, welcher überdieß des Anhaltpunkts in den beiden Vorräthen entbehrt.

3. Eine ununterbrochen fortgesetzte Kontrole und Berichtigung der Hauptgrundlagen der W. E. Regelung, insbes. der beiden Vorräthe und Zuwachse, schreibt keine Methode vor. Die meiste Sorgfalt widmet dieser wichtigen Auf-

gabe noch Huber. Die Uebrigen halten schon blos periodische Revisionen und keineswegs der sämmtlichen entscheidenden Faktoren für genügend und legen grösseres Gewicht auf eine genaue Buchführung zur Kontrole zwischen Schatzung und Ergebnis und zwischen Veranschlagung und Ausführung (m. s. § 13. 3).

Nachwort,

gerichtet an Hn. Professor und O. F. R. Dr. Pfeil.

Sie haben im 24. Bd. 1. Hft. S. 181 ff. Ihrer „kritischen Blätter" in einem Aufsatze — welchen Sie für eine Erwiederung auf meine gegen Sie gerichtete Antikritik im 2ten Hft. meiner „Beiträge z. Forstwissenschaft" ausgeben — von Neuem darzuthun gesucht, daß die Annahme normaler U. Zeiten, mithin auch von Betriebsklassen und Normalvorräthen, überhaupt von Waldnormalzuständen, wie sie der strengste Nachhaltbetrieb bedingt, ein unnützes und unstatthaftes Verlangen wäre und in einer wahrhaft lächerlichen Vorstellung beruhe. — Hätten Sie hierin Recht, so wäre der beim Eingange Ihrer Erwiederung schon begonnene Druck vorstehender Schrift besser unterblieben; ich glaubte ihn aber doch getrosten Muthes vollenden lassen zu dürfen.

Zur Unterstützung Ihrer Behauptungen bringen Sie im Wesenlichen wieder ganz dieselben Gründe vor, welche Sie theils in Ihrer früheren Kritik (Bd. 16 H. 2 der „krit. Blätter"), theils in Ihrer „Forsttaxation" und a. a. O. aufgeführt hatten — ohne von meinen Gegengründen im 2. Hft. m. „Beiträge“ rc nur die mindeste Notiz zu nehmen. Heist das nun — um mit Ihnen zu reden — „einen Streit auf wissenschaftlichem Terrain führen“? Ich kann darin nichts anderes erblicken, als eitles Streben nach bloser Rechthaberei, nach dem letzten Worte; Ihnen auf dieser Bahn zu folgen, habe ich weder Zeit noch Lust. Ohnehin könnte ich nur meine früheren, von Ihnen ignorirten, Einwürfe wiederholen, diese Wiederholung aber meinen Lesern gegenüber um so weniger rechtfertigen, je mehr ich selbst bezweifeln muß, daß Sie die 2te Ausgabe meiner Gegengründe genauer beachten würden, als die erste.

Ueberhaupt dürfte auf dem von Ihnen eingeschlagenen Wege eine Verständigung zwischen uns Beiden kaum möglich werden. Bei Ihren erhobenen Anständen haben Sie blos die Mittel zur W. E. Regelung im Auge, während wir über den Zweck und die Bedeutung der letzten und der Wälder überhaupt noch ganz verschiedener Ansicht sind. Da nun jene Mittel nach diesem Zwecke sich richten müssen, aber nicht umgekehrt, so wäre vor allen Dingen eine nähere Verständigung über den erwähnten Zweck nöthig, bevor sie auch auf die Mittel sich erstrecken könnte.

Um die Gegensätze unserer beiderseitigen Ansichten kurz hervorzuheben, brauche ich nur anzudeuten: wie **ich** die Ueberzeugung fast aller Forstschriftsteller und Forstbehörden darin theile: daß die Wälder zunächst um ihrer Benutzung willen dasind; daß jedoch die Art und Weise der zeitlichen Vertheilung der Holznutzungen von der höchsten Wichtigkeit für die Waldbesitzer und Holzkonsumenten, daher für die ganze Nation, bleibe; daß der strengste Nachhaltbetrieb, welcher eine annähernd gleichgrose jährliche Holznutzung als Regel vorschreibt, dem allseitigen Interesse durchschnittlich am meisten entspreche; daß aber die Einleitung und Einhaltung dieses Nachhaltbetriebs ohne Festsetzung normaler U. Zeiten gar nicht denkbar seie; wobei ich weiter mit einigen Schriftstellern darin übereinstimme, daß wieder die spätere Einhaltung der gewählten norm. Haubarkeitalter ohne Einrichtung von Betriebsklassen zu den unmöglichen Dingen gehöre; und endlich, daß bei einer vorzunehmenden Ertragsregelung die bestehenden Verhältnisse zwischen wirklichem und normalem Zuwachse und Vorrathe ganz unersetzbare Leitsterne abgäben, um eine sachgemäse Vertheilung der Nachhaltnutzungen und die allmählige Begründung desjenigen Waldzustands, welcher jene Anforderungen am besten zu erfüllen verspricht, mit den geringsten Opfern für Gegenwart und Zukunft zu bewirken. Demnach wären die zeitliche Nutzungordnung mit Rücksicht auf den strengsten Nachhaltbetrieb der Zweck der W. E. Regelung; und die Bestimmung von norm. U. Zeiten und Betr. Klassen, die genauere Beachtung der Vorraths- und Zuwachsverhältnisse nur unerläßliche Mittel für jenen Zweck.

Sie dagegen halten die Vertheilungweise der Nachhaltnutzungen eines Waldes für einen sehr untergeordneten Gegenstand, weshalb die zur Bewirkung eines geregelten Nutzunggangs erforderlichen Mittel die ihnen von mir beigelegte Bedeutung in Ihren Augen begreiflich verlieren müssen. Sie finden die Aufgabe der W. E. Regelung schon darin erfüllt, wenn man den Etat nur für eine nächste Periode dem zeitlichen Bedürfnis gemäs bestimmt hat und nun den Lokalforstdienern es überläßt, die Bestände ihrem Alter rc nach zur Nutzung so auszuwählen, wie sie der örtliche Bedarf gerade verlangt. Dieser Ihr Rath wäre ganz hübsch, wenn bei solcher Nutzlizenz nur auch immer das da wäre und nachhaltig da bliebe, was man gerade nöthig hätte. Da jedoch eine derartige Nutzungordnung eine Waldung allmählig zu jedwedem Umtriebe hinführen könnte und in der Regel zu einem sehr niederen Umtriebe hinführen würde (weil erfahrungmäsig die Habsucht theils der Holzkonsumenten, theils auch mancher Klassen von Waldbesitzern kaum eine niedrigste Gränze der Bestände-Nutzfähigkeit anerkennt!), daher über kurz oder lang der Fall eintreten könnte, daß man nur 40-

bis 60jähriges Holz hätte, während 120jähriges dringend begehrt wird — — so muß ich Ihren Rath so lange für ganz unpraktisch und obendrein für sehr gefährlich halten, als Sie uns nicht zugleich den Zauberspruch verrathen können, durch welchen 40- bis 60jähriges Holz plötzlich in 120jähriges sich umwandeln läßt. Müßte man aber, wie bisher, in Geduld abwarten, bis die 40 — 60jährigen Bestände erst 120jährig geworden wären, so würden die Konsumenten 60 bis 80 Jahre lang auf den Bezug von 120jährigem Holze verzichten und nebenbei eine beträchtliche Einschränkung des Etats (wie sie der Uebergang von einem niedereren zu einem höheren Umtriebe unvermeidlich macht) sich gefallen lassen müssen — und für beide Entbehrungen schwerlich einen genügenden Trost in dem Vorhalte finden: daß ihre Vorfahren das Fehlende bereits bestens genossen hätten. — Solche Kalamitäten sind nur allein vermeidlich durch die Grundlage normaler U. Zeiten; ohne diese gliche der Gang des Nachhaltbetriebs dem eines Fahrzeugs, welches ohne Kompaß und Steuer auf offner See umherirrt, bis es zuletzt gar am Strande des Nihilismus scheitert. Nun wollen auch Sie zwar eine allgemeine U. Zeit oder Einrichtungzeit; diese steht aber, weil von ihr die künftigen wirklichen Haubarkeitalter der Bestände ganz unabhängig bleiben sollen, nicht sowohl als Leitstern des Betriebs, sondern vielmehr als wahrer „papierner Spaß" da. Und wenn Sie unterstellen, daß die Nutzungnachhaltigkeit schon hinlänglich gesichert erschiene, wenn die späteren Perioden einer Einrichtungzeit nur annähernd mit „Flächen gedeckt" wären, so muß ich Sie bitten, am Ende des § 19. S. 77 dsr. Schrift gefälligst nachsehen zu wollen, welche nähere Bewandtnis es mit dieser beliebten „Flächendeckerei" habe.

Ihr Eifern gegen die Annahme und Einhaltung norm. U. Zeiten, gegen eine genauer geordnete Nachhaltnutzung und gegen alle damit in engerer Verbindung stehenden Maasregeln suchen Sie wohl auf die Unmöglichkeit einer ganz sicheren Vorausbestimmung und Bemessung jener Gegenstände zu stützen. Die Schwäche Ihrer desfallsigen Gründe (welche ohnehin theilweise im Widerspruche unter sich stehen, theilweise seltene Ausnahmen zu allgemeinen Regeln erheben wollen) wurde von mir schon früher nachgewiesen. Hätten Sie aber wirklich darin Recht, daß es eine so lächerliche, ja tolle Idee wäre, künftige Erfolge schon in der Gegenwart berücksichtigen und annähernd bemessen zu wollen, so verdienten offenbar die Kauf- und Gewerbsleute, welche über die festen Bestellungen ihrer Kunden hinaus zu spekuliren wagten, sammt und sonders als leichtsinnige Schwindler unter strenge Kuratel gestellt zu werden. Schon der Landwirth, welcher trotz der zahllosen Feinde seiner Ernten, trotz Hagelschlag, Ueberschwemmung, Nässe, Frost, Hitze und Stürme, trotz Feuer und Krankheiten, trotz des unübersehbaren Heeres schädlicher Thiere von den Vierfüßlern an bis zu den Insekten, Molusken und Infusorien hin, trotz Diebstahl, Krieg ꝛc — es dennoch wagte, seine Felder alljährlich zu bestellen und auf die künftigen Ernteerträge hin seinen Haushalt zu basiren — wäre ja für's Narrenhaus reif. Und gar erst die Käufer oder Pfandgläubiger solcher Güter — weil sie den Güter-Kapitalwerth ja nur in dem Jetztwerthe aller künftigen, der Gegenwart noch so weit entrückten, Ernteerträge erfahren können! Und müssen wir nicht auf dieselbe Grundlage hin den Kapitalwerth der zum Nachhaltbetriebe bestimmten Wälder berechnen? Widerlegen Sie nicht selbst am Bündigsten Ihre erhobenen Bedenken durch die Ihrer „F. Taxation“ angehängte „Waldwerthrechnung“, worin Sie nicht umhin können, Ihren Diskontoformeln die auf weiter als ein Jahrtausend hinaus vorausbestimmten Nutzerträge aus Beständen unterzuschieben, zu welchen vorerst noch „der Same“ in grauer Zukunft erzeugt werden soll? — Ihre Behauptungen beweisen zu viel — daher nichts! —

Auf den weiteren Inhalt Ihrer Erwiederung kann ich mich um so kürzer fassen, als er nicht strenge hierher gehört.

Sie werfen mir vor, meine Antikritik auf fremdartige Materien und auf persönliche Angriffe ausgedehnt zu haben — somit nur Ihrem eignen bösen Beispiele gefolgt zu sein. Das unparteiische Publikum wird mich von diesem Vorwurfe freisprechen! — Es wird Ihnen aber schwerlich dafür grosen Dank wissen, daß Sie es von Neuem mit der groben Täuschung heimsuchen zu dürfen glaubten: mein R. Verfahren seie identisch mit dem der „Nutzprozentler" und laufe auf eine blose „Rechnungformel" hinaus. — Ebenso wenig wird es eine besondere Verstärkung Ihrer Beweismittel, sondern wohl nur eine völlig verfehlte Renommage, darin erblicken, daß Sie Ihre sich selbst angerühmte Kenntnis „vieler Millionen Morgen ostpreussischer Wälder" an die Spitze Ihrer Entgegnung stellen, dagegen das Summarium meiner Waldkenntnis auf das Areal des von mir mit keiner Sylbe erwähnten „Giesener Stadtwalds" beschränken wollen; es wird, ohne alle Rücksicht auf solche schon von Hundeshagen mit Recht gerügten, abgenutzten und durchsichtigen Verstecke, nicht nach der Menge der Jedem von uns Beiden bekannten oder nicht bekannten Waldmorgen und Bäume, sondern lediglich nach der Zahl und Güte der von uns gelieferten wissenschaftlichen Gründe fragen. — Und wenn Sie zugleich Eingangs betheuern: „daß Sie bei Beurtheilung meines W. E. R. Verfahrens immer nur die ostpreussischen Wälder im Auge behalten und es dem Urtheile anderer kompetenterer Richter überlassen wollten, ob mein Verfahren für andere Gegenden praktischen Werth hätte" — und doch schon einige Seiten weiter es sich zum besonderen Geschäft machen, die Grosh. Badische Forstverwaltung vor meinen Reg. Grundsätzen angelegentlichst zu warnen — so wird das liebe Publikum die handgreiflichen Zwecke solcher Spiegelfechterei zu durchschauen wissen und nebenbei es für eine Verletzung der ersten Regel guter Lebensart halten, wenn man Anderen einen leichtfertigen, weil unmotivirten, Rath aufdringen will, ohne daß diese ihn begehrt haben, noch viel weniger aber bedürfen. —

Es thut mir in Wahrheit leid, diese Thatsachen Ihnen vorführen zu müssen. Sie durften aber im sachlichen Interesse nicht ganz unberührt bleiben. Ich selbst grolle Ihnen darum nicht; ich weis nur zu gut, daß eine derartige Taktik Ihnen zur übelen Gewohnheit geworden ist, und daß die Schwierigkeit des Ablegens eingewurzelter Angewöhnungen mit vorrückendem Lebensalter nicht absondern zuzunehmen pflegt. Wohl aber beklage ich diese menschliche Schwäche doppelt bei Ihnen, weil ich Ihre mannigfachen Verdienste um andere Zweige unserer Literatur kenne und zu schätzen weis, und nichts lebhafter wünsche, als daß die allgemeine Anerkennung derselben bei der Mit- und Nachwelt nicht durch Ihre eigne Schuld getrübt oder gar zerstört werden möge, wie das leider schon der Fall ist und noch mehr sein wird.

Heyer.

Druck der Lichtenberger'schen Buchdruckerei (W. Keller) in Gießen.